“日本收纳教主”近藤典子

助你

打造一个井井有条的家

[日] 近藤典子 著
博洛尼精装研究院 闫英俊 译

How to build house that is organized

中国建筑工业出版社

著作权合同登记图字：01-2012-8039号

图书在版编目（CIP）数据

“日本收纳教主”近藤典子助你打造一个井井有条的家／［日］近藤典子著；博洛尼精装研究院，闫英俊译 .—北京：中国建筑工业出版社，2012.12（2025.5重印）

ISBN 978-7-112-14914-8

Ⅰ.①日… Ⅱ.①近…②博…③闫… Ⅲ.①住宅－室内布置－基本知识 Ⅳ.①TS975

中国版本图书馆CIP数据核字（2012）第277147号

总 策 划：徐勇刚　陶齐平　王兴鹏　骆志刚　邱晨燕
责任编辑：刘　江　刘文昕　王砾瑶
责任设计：董建平
责任校对：肖　剑　刘　钰

“日本收纳教主”近藤典子
助你
打造一个井井有条的家
[日] 近藤典子　著
博洛尼精装研究院　闫英俊　译
*
中国建筑工业出版社出版、发行（北京西郊百万庄）
各地新华书店、建筑书店经销
北京嘉泰利德公司制版
天津裕同印刷有限公司印刷
*
开本：787×1092毫米　1/16　印张：10½　字数：260千字
2013年1月第一版　2025年5月第十五次印刷
定价：**78.00**元
ISBN 978-7-112-14914-8
（22630）

中文版自序

在《"日本收纳教主"近藤典子助你打造一个井井有条的家》这本书即将出版之际,作为作者,我感到非常荣幸。

从日本到亚洲各国,多年来我致力于帮助用户打造一个舒适的生活空间。在与各国文化零距离接触之后,我开始感到珍视日常所使用的物品,才是对文化的真正尊重。

25 年前,我帮助丈夫创业,为搬家的人提供整理打包服务,由此开始了我今天的工作。自那以后,我其实一直没有中断对人与物品关系的思考。

各种物品为我们提供了很多便利,让日常生活变得丰富多彩。但是,如果物品处在使用不便的场所,或者存取困难,那么原本应该给人们带来舒适生活的物品,反而会成为我们各种压力的源头。

只有在人与物品之间有一个良好关系的时候,家才能给我们带来幸福和欢愉,这正是我多年来努力提供各种收纳体系的原因之所在。

不同的国家,家中吃饭时使用的餐具就会不同。生活中各种仪式或活动的内容不一样,要使用的物品也不尽相同。此外,不同的国家,对于儿童房的认识,以及老人房间所用器具方面,自然也有各自的要求。

需要的物品,能在需要的时候方便地取出来用,用完之后也能轻松地收好。要在家中实现这样干净利落、心情舒畅的环境,就需要能适应本国的文化和生活环境的收纳系统。在国外参加相关工作时体会到这一点,是我一个很大的收获。

与各种物品保持一个良好关系的家,方能成为家人健康成长、孕育家庭文化的地方。

借本书中文版出版之机,我希望能进一步学习中国的文化、了解中国的生活习惯,为广大的中国读者提供符合需求的方案。

2012 年 9 月　近藤典子

序一

从中国城市住宅发展来看，在住宅功能空间设计上，一直延续着片面重视“居住行为空间”的设置、而忽视“生活物品空间”的设置，住宅储藏与收纳空间的设计基本理念非常欠缺。我国实行商品经济体制之前的住宅，主要是受到面积的限制、家庭的人口较多和解决居住问题的影响，虽然居家储藏空间从无到有发生了相应的变化，但住宅设计思想至今仍然主要停留在解决基本居住功能上。目前住宅开发一味追求大户型大面积，对储藏空间的设置却十分吝啬，缺乏系统设计和考虑，影响了居住品质。居家储藏空间设计与需求脱节，住宅相应标准滞后，设计上没有形成整体收纳意识，造成普遍忽视储藏与收纳的现象，传统家具储存物品仍是中国住宅长久以来的主要方式。

据近年一项中国城市住房调查报告显示，多数购房者对储藏间有迫切需求，70% 以上的受访者均表示需要储藏空间。随着人民生活水平的不断提高，居家生活用品日益丰富，人们对住宅储藏空间的需求越来越高，住宅内储藏与收纳空间成为住宅设计必须重视的问题。储藏空间在日常生活中占重要地位，越来越多的服装鞋帽，以及各类家用电器、厨房用具、洗涤用品、清洁工具、健身器具、音像制品和书籍报刊等，这些都会引起住户家里储藏空间的短缺，人们需要有其分门别类的专用储存空间，而当前的储藏空间已远不能满足日益增长的要求。

欧美发达国家的住宅都具有丰富和完备的储藏与收纳空间。其完整有序的储藏空间增强了住宅的使用功能，满足了住户多样化的储藏需求。把住宅储藏与收纳作为基础，从而进行其空间设计，他们强调住宅设计应以居住者生活作为设计依据进行空间安排，既提升了现有居住空间的储藏收纳能力，也提升了住宅的使用价值和居住舒适度。在全社会居住意识完善的日本，储藏与收纳空间是衡量住宅品质的最为关键因素之一，像室内橱柜等柜体是否充足也成为衡量舒适度的一个标准。日本住宅虽然不大，但是以收纳率为标志的收纳标准很高，一般规定在 10% 左右，住宅设计通过日常生活居住实态调查，以使用效率和空间整洁为目的的方式，来制定储藏空间与收纳物品规划，以其系统化对应空间的设置满足了居住者的需求。

日本著名住宅收纳研究专家近藤典子的这部代表性专著，以住宅的“生活物品空间”规划与设计为主线，用独特的“收纳”理念构成了本专著的关键词。“储藏”从字面上理解就是储存和收藏，加上以空间二字，就是指用于“储藏、存放”物品的空间，而“收纳”从字面上理解就是收集和容纳，加上以空间二字，就是指用于“收集、容纳”物品的空间。对于我国以“储藏”为住宅研究与设计的基本理念而言，探讨日本以“收纳”为住宅研究与设计的基本理念，不但让设计师学会满足分类清晰、取用方便、整洁有序等要求，也让我们深思当前“家里的东西放在哪？如何去生活？怎样去设计？”居住所涉及的“习以为常”的问题。

本书由日本著名住宅收纳研究设计的专家近藤典子精编而成，既是对其丰富经验进行的理论总结，也是她的代表性著作，书中提出的从生活方式出发、关于收纳设计的整体规划、规模适宜、家务动线、分类安排和劳动效率等原则，集理论性和实践性于一体，融广泛性与前瞻性一体，相信对中国目前房地产开发建设和住宅研究设计具有广泛借鉴作用。

最后，衷心感谢博洛尼和译者为这本著作的出版所付出的辛勤努力，同时祝愿我国住宅收纳研究和设计有更大的发展。

刘东卫　中国建筑标准设计研究院执行总建筑师

序二

给自己一个明亮、有序、干净的人生

每次我去日本，总会有一个感受：日本太干净了。

这个干净并不简单是由勤劳带来的，其背后包含着人对生活的态度和自律的能力。

再狭小的房间，日本人也会精心布置，妥帖收纳，每一寸空间都善加利用，不浪费不挥霍是他们的生活原则；而那些精致优美的收纳工具，巧妙科学的收纳方式又让我看到了对生活的深切热情和丰富的创意。

生活并不是一个抽象的概念，它就是我们的每一刻时光、每一处细节，对生活宏大的期许固然是有理想的表现，但对每一个当下和每一件小品的珍视与享用又何尝不是一种生活能力！

对外在物质条件的过高要求常常成为某些人在难以实现的时候自暴自弃自怜自艾的起因，以致使他们辜负了生活已经赐予他们的许多东西。

被称为"日本收纳教主"的近藤典子女士在其《"日本收纳教主"近藤典子助你打造一个井井有条的家》一书中和我们分享的不仅是收纳经验，对家居空间的理解更是她对居住的深刻认识和对生活的深入思考。近藤女士说每次她为客人做设计时，都会仔细观察客人的行为方式，家庭成员的关系等许多细节，然后她为让这些人居住得方便、安全、和谐、愉快而做出家居的安排。

作为一位享誉日本的家居设计专家，不是仅具备专业知识就能赢得专业声望的，这种声望的背后包含的是她对人性与生活的理解。

其实不整洁不干净的人家里常常潜伏着深刻的自卑与哀怨，这样的家庭中大抵存在着对家人的某种失望以及对前途的迷茫，所以凌乱与肮脏污染的并不仅是家居环境，还包括人心。

希望大家读这本书不仅是以之作为家居布置的工具书，更能由此开启明亮、有序、干净的人生。

殷智贤　《时尚家居》杂志执行出版人兼主编

序三

从业快20年了，有时聊到行业问题，我始终认为住宅行业真正的问题不是什么房价、什么趋势、什么政策，这些是经济范畴的事，而是我们提供的产品的质量和性能都过不了关。每年天文数字的竣工房屋几乎都是手工作业，质量稳定性无法评估。而大比例的“毛坯房”，更谈不上什么性能。从业越久，这种责任和压力就越大，总怕会受到历史的谴责。

在这种心态下，开始认真研究户型、装修，开始尝试加大工业化比例，这方面日本无疑是学习的榜样。记得有一次去学习东京的松下住宅工房，看到利用走道空间做成迷你书房，当时就问自己：为什么我们90m^2的房子不能有书房，难道“刚需”不需要书房？同时也感慨，住宅也有大量的研发和创新。

博洛尼精装研究院做了件好事，翻译《“日本收纳教主”近藤典子助你打造一个井井有条的家》一书，书中不仅有大量的实例，更重要的是始终把使用者放在设计的第一位，做到“以人为本”，我们的住宅也需要这样，消费者才真正得益，行业才真正成熟，这是我们这些从业者的责任所在。

刘爱明　协信集团CEO

序四

“大爱”生活的梦想

若干年前，我去米兰家具展，当时，一个展位吸引了我。他家不是单品仓库，而是完全生活宅间的感觉。花饰、水果、壁画，不是桌椅瓢盆的堆砌，而是顶地墙的各种材质、灯光的层次、各种面料配饰、有性格的图片，综合形成的一个调调。

设计师过来招呼，闲聊之下，他提到，我们卖的不是家具，是家。我们永远不是设计一个单品，而是设计一个 LIFESTYLE——生活方式的环境。

一个 LIFESTYLE，让我受益良多，也让以整体橱柜起家的博洛尼从此一枝独秀。除了橱柜，我们还开始做卫浴，做地板、门，做衣帽间、家具，做现代家具还做古典家具，做板式家具还做软体家具，从设计到产品，全都涵盖，做一个整体解决方案，为顾客提供全程咨询整合服务。

这段经历，后来被写进了我的自传《7 姿 16 式》中。这本书探讨的，正是生活方式。

何为生活方式？就像我们看到的每个宅间一样，是一种氛围，一种调调。而它的灵感，又来自这个空间拥有者在生活中的所有特点。物质的、精神的、审美的、哲学的，都包括。往理性说，是衣食住行的物质标签，是想实现世界和平还是完成全球旅行的不同价值观；往感性说，是一种态度，一种调调、气场，一种完成生命的方式。

上面提到的这位设计师，后来被我请到了博洛尼，开始了他在中国设计 LIFESTYLE 的旅程。和欧洲设计师不断合作的过程，使得博洛尼的设计在视觉感观上不断予人惊喜，让买家一看就直呼喜欢。当然，后来我又和倡导新东方主义的奥斯卡金奖得主叶锦添合作，一手缔造了九朝会，让新中式和欧式设计在博洛尼共生。

但是，在后来向日本学习住宅产业化的过程中，我又发现了另一番天地。如果说欧洲的设计，无论是古典主义的繁复奢华还是包豪斯的极简哲学，都能在最大程度上撕扯人感性的神经，那么，日本的设计则是以其精细，对使用者极大尊重的理念钻进了人理性的血管里。

日本老年住宅的设计无疑就体现了对生命的尊重和人文的关怀，其使用的便利性，哪怕是需要依靠轮椅行动的人士也感受至深。因此，在中国人口老龄化趋势日渐严峻的节点上，博洛尼于 2011 年引进了日本《老年住宅设计手册》一书。

日本设计的精妙之处还体现在良好的收纳设计和动线设计上，通过细节上的努力，实现了空间最大效能的利用，这正是博洛尼下一步需要全力研究和实践的。因此，博洛尼精装研究院 2012

年再度联合中国建筑工业出版社翻译出版近藤典子的设计著作——《"日本收纳教主"近藤典子助你打造一个井井有条的家》(How to build house that is organized)。设计来自对生活的感悟和积累，尤其需要家庭生活的积累，而这本书正是集合了作者历练 20 年 2000 多个家庭装修整理经验的经典之作。

我见过无数人要装修房子，问的是"怎么便宜"、"怎么显贵"、"什么风格看起来洋气有档次"，而不是"我内心需要什么"、"什么风格适合我"、"怎么才能开心舒适"。我发现金钱数量几何增长的同时，中国人的居住幸福感无限下跌。于是，我用《7 姿 16 式》一书给所有希望享受美好家居生活的人提供了一个最贴近内心真实所需的参考坐标。而近藤典子的著作则细致地提供了将贴近内心真实所需的生活方式付诸实现的步骤和途径，通俗易懂，简明实用。

1992 年，我从中科院辞职下海。其实在那之前，我的父亲已经先放弃了工程师的头衔辞职创业，那一年，他 56 岁。在我们小的时候，父亲秉持了"给孩子自由"这一在今天看来最为先进的教养方式，让我们始终能执着于自己的内心去寻找自己想过的生活。而父亲下海创业的勇气，则是我们在创业的艰辛中始终坚持的最大动力，因此才有了今天的博洛尼。现今 20 年过去，博洛尼之所以能在家居行业一枝独秀，追根溯源，我认为是与父亲的教养方式使我们秉持的价值观分不开的。

2000 年，64 岁的父亲开始第二次创业，先是在顺义承租了 2000 亩土地，种植上千棵速生杨树苗。后又分别在武汉和俄罗斯开发林产业。当绿色经济成为时下热点时，我们不得不有感于父亲的远见。而今，76 岁的父亲又开始了第三次创业，用他的话来说，就是要心怀"大爱"，帮助年轻人实现他们的创业梦想。

我时常想，为中国人设计美好的生活方式，让人人能幸福地享受家居生活，这何尝不是一种"大爱"的精神。因此，这将成为我在今后 20 年乃至更长一个阶段的梦想。那么，今天不断地将国外先进的技术和理念引进到中国来的举动，也将成为通往这一梦想的路标。

蔡明　科宝博洛尼创始人、CEO

序五

2011年9月，我去日本考察学习，参观积水的纳得工房。它是日本住宅建设、设计水平的一个体现，现已成为中国房地产业内人士赴日考察的必选项目。我已经记不清这是第几次去日本，第几次去考察纳得工房，但每次都有新的启示。

在结束此次行程时，我和业内的几位专家，包括中国建筑标准设计研究院执行总建筑师刘东卫、日本市浦设计北京事务所所长闫英俊等开始探讨一个问题：什么时候我们的设计水平能赶上日本。当我了解到纳得工房是做了很多年的调研才最终建立起来的，我就在想，能否把日本的类似研究引入到中国。

回国后，我的这一想法得到了公司CEO蔡明的支持，于是便有了现在的“中国居住生活方式研究”项目。

当项目的推进遇到具体的困难时，我才感觉到，当初的豪言壮语多少有几分“无知者无畏”的意味。但世界大概正是被一些看不到困难，不畏惧困难的“无知者”所改变的吧，幸运的是，博洛尼精装研究院的团队里有一些这样的“无知者”，结果就是，“中国居住生活方式研究”项目圆满完成2012年的课题研究。

让我们坚持下来的动力是那个希望中国住宅的设计水平能够赶超日本的梦想，而动力同时也来自于我们的调研对象，那些居家过日子的小业主们。在我们的调研过程中，很多家庭对户型设计、空间布局、收纳方案表示出了不同程度的不满意，但他们不知如何将自己的家设计得更合理，同样，设计师也无法给出令他们满意的答案。显然，在“重视觉轻功能”的设计理念主导下，设计师们纵使能够营造出温暖宜人的居室氛围，却不能打造出真正与居住者的生活方式相契合的空间格局。

而开发商们的认可与肯定则更坚定了我们的决心。众所周知，在过去长达10年的时间里，中国房地产行业经历了疯狂的增长，房子被剥离了居住的属性而成为类金融产品，在营销的强劲拉动之下，开发商们对产品的研究被大大忽略了。但在房地产行业进入调控和转型期之后，房地产将逐渐回复到其民生属性、耐用消费品属性的产品本质。目前，这样的势头已经显露，越来越多的开发商开始将重心转移至产品上面，博洛尼精装研究院也有幸参与到了一些开发企业的产品研发之中。

系统全面的调查研究和科学性的分析归纳，是专业设计师必须具有的素养，但长期以来我们似乎已经忽视了科学性的方法，直接照搬书本的理论或以自己的直观经验来设计，岂不知会直接影响了未来居住者的建筑品质和家庭生活的幸福感。用严谨科学的方法贯穿调研、分析、归纳、取舍、实施、监理、优化的各个阶段，才能做出满意的高品质住宅，近藤典子女士给我们上了很好的一课。

与2011年引进的日本《老年住宅设计手册》一书一样，我们希望原汁原味的日本设计理念和思想能够给中国的设计界一些启发，尤其是在我们不断实践的过程中，或许应该再回过头去思考一个最本质的问题——住宅设计的原点是什么？相信这番思索所得到的答案将让我们的设计更加的人性化。

最后要特别感谢为此书的引进做出辛勤努力的各界朋友。还有优秀的译者徐波，深厚的建筑功底以及对中日两国文化的深刻理解，才可以将这本著作如此精准并通俗的呈现给我们。

将来，博洛尼精装研究院将基于自己的研究成果书写出中国的居室设计方法论，而且我相信，这一天已经为时不远了。

徐勇刚　博洛尼精装研究院院长

Noriko Kondo（近藤典子）

Introduction 前言

从建好自己的房子到今天，已经过去7个年头了。

常听人说，房子不建三次以上，就无法达到满意的程度。7年前的那次建房是我初次的经历，但住了这么久，从来没觉得有改建的必要。房子还是原来的样子，生活得舒适快乐。之所以第一次就这么成功，恐怕还在于我拥有为2000幢住宅进行过整理、规划的经验吧。一边对房间进行整理，来回经过同一个位置，一边仔细观察各个家庭，我才发现住宅的动线是多么重要的因素。与此同时，我也认真思考了收纳空间及其设置方位，并把我的思路转变为现实中的住宅——而这，就是我自己的家。

通过住宅整理、规划的工作，我有缘结识了大和房屋及韩国的住宅企业，并有机会提出了“案例分析住宅”的概念。接下来向大家介绍的这5幢住宅，就是这一概念的体现。充分有效地使用空间，确保平滑顺畅的动线，让每一位家人都能心情舒畅地生活……这，就是我心目中理想的房子。

今后打算建房的读者朋友，如果这本书能给你一点点参考，我将感到无上荣幸。

Contents 目录

"日本收纳教主"近藤典子
助你打造一个井井有条的家

Column 专栏

Warming-up（头脑预热）

打造一个有特色的住宅

近藤典子心目中的“宜居住宅”

什么样的住宅才是符合自己心愿的？关于这一点，可以说是因人而异。家庭结构是怎样的？有什么兴趣爱好？这些也都会影响每个人的选择。但无论要建造何种住宅，首先要强调的，就是要给居住者一个减缓压力的环境。我心目中的宜居住宅，就是这样的减压住宅。

基本原则：“物尽其用、规模适当”的收纳空间以及平滑顺畅的动线

在现在这个家里，已经生活了7年了。

我经常会这么感慨一番：“哟，不知不觉都7年了。”房子刚建好的时候，我根本没想到会连住7年而无需翻新。这是因为这幢房子是实验性住宅，目的就是在其中体验各种各样的生活方式，方便我不断提出新的生活方案。

我从事现在的职业的起点，是在别人搬家时帮助别人进行行李的打包、拆包服务。20年来，经手整理的住宅超过了2000家，但每每让人感到不安的是：“我这种做法到底对不对？”，“给别人提供服务之后，他们的生活是否变得更舒适了？”这些念头，我总是无法完全释怀。终于有一天，我下定决心建造一幢自己心目中的“宜居住宅”：生活是不是会更舒适，要自己亲身体验一下才能知晓。

帮助别人整理房间多年，有一个感想：每个家里都有许多尚未得到充分利用的空间。很多不用的东西永远塞在某个地方，没人知道储物柜中到底放了些什么，就像一个黑洞。家里充满了不用的物品，到头来还要感叹“我们家实在太小了……”

那么，这些低效率的空间又是怎么出现的呢？原因大体是以下几个方面：有些物品不方便从储物柜中拿进拿出，有些则是储物柜与使用物品的位置相隔太远，所以一旦把东西拿出来，用完以后就会放在原地。到头来收纳空间里都是些用不着的东西，而真正有用的，反倒成了“没家的孩子”。

东西要用，才有它的价值。有一个存取方便的储物柜，并且设在使用位置的附近，仅仅做到这一点，就能大大降低日常生活中的不便，极大地为我们减轻负担。总有人抱怨自己家的收纳空间太小，可是你想过吗？大也有大的难处，收纳柜什么的如果太大，你会忍不住什么东西都往里装，取用反而不方便。还是那句话，收纳空间应该“物尽其用、规模适当”，这才是宜居住宅的基本原则。

“活动方便”则是另一条重要原则。比如说一条做家务的动线，往往是决定你的家务劳动负担是减轻还是加重的一条分水岭。我的一个朋友建了一幢三层住宅，为了能一边做饭一边洗衣服，她在二楼的厨房旁边设置了多功能空间。但她们家的脏衣服都放在一楼的浴室，而晾衣服的场所则是三楼，因此每天都要从一楼到三楼来回好多次，不但没有方便，反而增加了生活中的负担。她家里有很漂亮的客厅和小院，但是根本没有享受生活的空闲。在一个家庭中，主妇就像是一个温暖家人的太阳，为了让主妇们每天能微笑着生活，就应该认真考虑家中动线的设置。

不管什么样的家庭，“物尽其用、规模适当”的收纳空间和平滑顺畅的动线，都是确保舒适生活的重要因素。我在建房的时候就充分考虑了这些因素，日常生活也变得非常轻松愉快。工作的同时还要照顾家人，的确是一件很不容易的事，而我之所以能够做到工作家庭两不误，还真多亏了这幢实用的房子。

The Wonderful Wizard of Oz
The Jungle Book

良好的开端是成功的一半，先从编写“家人的简历”开始

“我希望家里是这样的”，“我想那样地生活”……在建房的时候，每个人都有各种各样的梦想。可如果梦想与自己的现实生活距离太远，也只能以梦想而收场了。所以首先要做的，是了解我们自己。

写一份简历，就能描绘新家中的生活，了解自己真正的习惯所在

理想的居住环境，应该是能很好地与家人共享美好时刻，同时又能尊重每个人的独立时光，在空间上、时间上确保舒适生活而下了工夫的居住环境。

居住者如果能觉得在家里的时光是最美好的，回到家里能特别放松，那才能称作理想的住宅。

但每个人的感受又是不一样的。有些人喜欢宽大的沙发，能够舒服地半躺半坐，也有人希望尽量减少家具的数量，能够在一个宽宽大大的客厅悠闲度日。因此，每位家庭成员心中的理想生活是什么样的，应该先加以掌握。令人意外的是，很多人其实并不了解自己究竟希望何种生活方式，因此这里说的掌握情况就更有意义了。

所以，我们首先应该写一份自己的简历。几点起床，几点休息，何时洗澡，何时晚餐，经常在什么地方做什么事，周末是怎么过的，都要把它写下来。有了这个基础，我们就能大致掌握自己对新家的需求了。

比方说“我想要一间气氛明快的客厅”，家里人也都赞成。看起来大家意见一致，不过要具体谈到每个人头脑中的景象，恐怕就各不相同了。都是“气氛明快的颜色”，可有人想的是黄色，有些人的脑海里浮现的则是浅蓝或绿色。到了大家去选窗帘或墙纸的时候，就可能为了颜色而大吵一场。同样，一句“我喜欢自然的基调”，你要是以为对方喜欢原木系列，他却可能选择纯白的墙纸。因此对于每个人真正喜欢什么，还是有必要进行确认的。希望大家不要仅仅停留在“色彩明快”或“沉静自然”，而是要精确到何种颜色，进行认认真真的讨论。

我办了一所“生活学院”，教授关于生活的各种知识。在教学中，有时候也会让学员写出她们所喜欢的东西、喜欢的颜色。关于“明快的色彩”，各种回答种类之多，实在令人吃惊。如果问大家心目中的明快色彩，也有很多人无法立刻回答出来。还是那句话，每个人都觉得很了解自己，但实际情况并不那么简单，更别说了解家人了。所以建房其实也是一个很好的契机，让我们有机会进一步了解家人的喜好。

平常逛街的时候也好，到咖啡店里坐坐的时候也好，一旦觉得“这个地方不错”，就要好好想想好在哪里。是颜色？设计？还是照明和内装修？在日常生活中养成思考的习惯，就能逐步了解自己的喜好。反过来说，不喜欢一个地方，最好也要把它的缺点写下来。

清楚地知道了自己的喜好，那么接下来就应该与家人进行沟通。既然房子不是一个人住，当然要好好商量。说实话，大家商量的时候才是最有意思的，希望你能尽情描绘心中的梦想。

step

编写每个家庭成员的“简历”

家里每个人都写一份“简历”吧。以建房时做规划，并提交给开发商为前提，尽量准确地进行填写。

姓名、年龄:

关系：

职业、学校：

[日常生活时间表]

起床时间

平日: 周末:

早餐时间

平日: 周末:

晚餐时间

平日: 周末:

洗澡时间

平日: 周末:

就寝时间

平日: 周末:

平日如何度过晚餐后的时间(经常在哪里、做什么？)

如何度过周末(经常在哪里、做什么？)

爱好、参加的活动

和朋友或家人玩的时候，一般去哪里，做什么？

如果在家:

如果外出:

日常的交通工具(自行车、三轮车、汽车)

喜欢的颜色(室内)是什么？

自己的性格是怎样的？

在家中承担的角色或形象是什么？

对新家的梦想或希望

※孩子也应尽量亲自填写，完成后父母再进行说明或补充。

编写全家共用的“简历”

有没有全家共享的时间，有没有车和宠物等，对全家共有的情况进行核实。

[全家团聚与用餐方面]

全家团聚的时间每周几天？时间带？

每周(　　)天左右　　时间带(　　　　　　)

全家团聚时做什么(地点、方式)？

全家一起用餐次数

早餐:每周(　　)次　午餐:每周(　　)次　晚餐:每周(　　)次　周末:每周(　　)次

[关于来客]

每个月有几次来客？

来客人时，带对方到哪间房？

有没有专用客房?

[宠物方面]

有没有养宠物？有的话是什么？

如果有宠物，在哪里养？怎么养？

有没有在新家养宠物的计划？

[关于车]

车种和台数

搬家后有没有购车计划？

除了车之外，有没有自行车或三轮车？有没有购买计划?

明确了家人希望的生活方式之后，再决定房间数量和面积

接下来要考虑新家的居室安排问题。当然，这里说的不是什么“客厅应该有 30m²”，或者“厨房应该大一些”等过于具体的情况。更不用说，即使把面积扩大了，如果不去消除那些不方便的问题，并不保证你将拥有一幢舒适的房子。

在这一阶段，重要的是分析现在的房子里有哪些让人不满意的地方。如果分析得过于草率，那么辛辛苦苦打造的大房子，也照样会遇到和以前一样的各种问题，到头来就只能再次自我安慰了：“房子不盖三次，就没法做到完美”。而如果分析得足够到位，那么即使是第一次建房，也能让你舒舒服服地过一辈子。

分析完不足之处，接下来就该考虑在具体某个房间里做什么了。比如客厅，如果光强调“应该有 30m²”，却不考虑打算如何使用它，那么客厅就会变为大而无当的空间。明确了要在房间里做什么，才能知道应该对这里提出怎样的具体要求。明确了具体的要求，房间的面积自然也能确定下来了；明确了房间里要使用的设备和物品，当然对决定收纳空间有很大的帮助。

比方说，你想在卧室里看看书，就需要设一个书柜；想要欣赏影碟，放电视的位置和存放光盘的收纳空间自然不可或缺。

确定了必要的房间以及各自的面积之后，就需要考虑各房间的具体位置了。当然，此时还不需要多么明确、清晰，指出厨房和客厅的大概区域就可以了。可不要小看这个工作，当你和开发商的设计人员进行沟通的时候，是否预先考虑了这些问题，会很大程度影响你自己思路的表达。

在考虑房间的具体位置时，我建议大家把房间分为公共空间和私人空间。所谓公共空间，指的是来客使用的空间，包括玄关、客厅、餐厅和厨房等。公共空间应该设置在一楼，而主卧、儿童房、浴室等则应该设置在二楼。当然，如果考虑到日照和风景因素，也可以把私人空间设置在一楼，公共空间设置在二楼，但重要的是要区分二者，保证家人舒心的日常生活。

接下来就是收纳空间了。也许你认为收纳空间大些总没有坏处，那我要说，低效率的大型收纳空间只会不断增加无用的东西。在与设计师沟通的时候，最好别说“我需要多大多大的收纳空间”，而应该告诉他你需要在这里收纳什么物品。如果你能用双方都清楚的单位（几个装 24 寸电视的纸箱等）进行说明的话，误解就会小得多。如果光说“大纸箱多少个”，对方和你心中想象的大小未必相同，就会造成误会。用不着多么精确，说出大概的情况就可以了，但一定要避免对方误解。

step 2

分析对现在的家的“不满”

以下面的项目为中心，全体家庭成员谈谈对各个房间的不满。谈的时候还要明确“什么时候感到不满”，“谁不满、对哪里不满”。

[玄关]

现有面积： m^2

□面积是否足够?
□鞋类等的收纳是否足够?
□没有收纳(　　)的房间。
□其他：

[客厅]

现有面积： m^2

□空间(面积、高度)是否能让人足够放松?
□日照、通风、眺望方面有无不满?
□平常是否足够整洁?
□其他：

[餐厅]

现有面积： m^2

□面积是否足够? 饭桌周围的空间是否紧张?
□是否与厨房形成联动?
□与客厅之间的通联性?
□其他：

[厨房]

现有面积： m^2

□用起来是否方便?
□是否与餐厅形成联动?
□收纳空间是否足够?
□对插座的数量和位置是否满意?
□其他：

[卧室]

现有面积： m^2

□面积是否足够?
□有没有一个让人安眠的环境?
□收纳空间是否足够?
□对插座、开关的数量和位置是否有不满?
□其他：

[儿童房]

现有面积： m^2

□数量和面积是否足够?
□日照、通风方面是否舒适?
□收纳空间的位置和数量是否足够?
□其他：

[浴室]

现有面积： m^2

□面积是否足够?
□位置是否令人满意?
□设备和功能有无问题?
□其他：

[盥洗、更衣室]

现有面积： m^2

□面积是否足够?
□位置是否令人满意?
□设备和功能有无问题?
□收纳空间是否足够?
□其他：

[厕所]

现有面积： m^2

□面积是否足够?
□位置是否令人满意?
□设备和功能有无问题?
□收纳空间是否足够?
□其他：

制作一个图板，具体地描绘理想住宅的设置，讨论起来就顺利了

接下来就是全家人的讨论。全家人共用的客厅，应该怎么使用才好？为此需要什么样的家具？要不要沙发？要的话应该买什么风格的？使用木地板还是地毯？外墙也好，房顶也好，门也好，窗户也好，都通过大家的讨论来决定。不然的话，怎么能算是为自己置业呢？

在最开始的时候，不一定非要考虑资金问题。首要的是大家聚在一起，讨论需要家的概念。讨论的时候，最好能准备一些杂志或商品目录，好让大家一眼就明确具体是怎么回事。

在我建房的时候，曾经从住房杂志和家居书籍上剪下自己中意的图片，比如玄关的外观、厨房的内墙等，并把它们都放在一个资料夹中。除此之外，在外面住酒店的时候，也会把自己喜欢的浴室、面盆什么的都拍下来。我对每个房间都制作了一个图版，与设计师沟通的时候，就能把自己的所需所想很方便地传达给对方。

不光是厨房或浴室的图片，再小一些的，比如门把手呀，水龙头什么的也行，只要觉得好，那就不管你正在看书还是在外出，都可以通过收集、摄影来充实自己的资料。另外，在与设计师沟通之前，应该先跟家里人谈一谈，浴缸呀、客厅的墙呀什么的，把自己中意的设计告诉大家，求得意见的统一，这也是很重要的。

在与设计师沟通的时候，当然可以自己前往对方的办公室，好处是能了解对方的品位，还能获得很多参考资料。但最好也能让对方来自己家里几次（比如说每去对方办公室 2 次，就让他们来家里 1 次）。这样设计师就有机会了解你的兴趣爱好、家里有什么东西，以及你的生活方式。

前面说过，家里的动线设计是很重要的，而考虑居住者的动线正是设计师的工作。站在业主的角度，必须告诉对方的，包括“我们一般开车去购物，所以希望停车场能离后门近一些”，或者“我有工作，回家以后立刻就要准备晚饭，希望能一进房间就立刻走到厨房去”，这些有关自己生活习惯的问题，应该明确地告诉对方。要进行这方面的沟通，当然最好是请设计师亲自过来，确认我们每天都是如何活动的，在活动中又有哪些不便的地方。有了这个基础，对方在设计时就能在细节上做出相应调整。需要注意的是，业主的要求未必全都能得到满足，因此我们应该确定优先顺序，哪里是必须做到的，哪里则可以在不得已的情况下妥协，这样沟通起来就更省心了。

建房置业是一辈子的大事。自己的房子，也是自己的人生舞台。不要一开始就妥协，把自己的希望都说出来吧，只要能满足你的生活梦想。

step 3

信息汇总

接下来，则是把全家人对新居所寄托的梦想总结出来。以step2中所分析的、对现有情况的不满为基础，思考在新居中如何消除这些问题，需要采取何种措施。

全家人对新居的“要求”

以step1的“家人的简历”中“对于新家的梦想和希望”为参考，把每个人对新居的要求总结出来。总结的时候，还要写上具体的理由。

(示例)希望有一间铺榻榻米的房间：我喜欢随时躺下来或者我想和孩子们一起午睡，等等。

希望各房间各有多大面积

	划分	居室名称	希望面积(m^2)
一楼	公共空间	客厅、餐厅	
		厨房	
		日式房间	
	卫浴设施	浴室	
		盥洗室、更衣室	
		厕所	
	其他	收纳	
		玄关	
		楼梯及走廊等	
	合计		
二楼	私人空间	卧室	
		儿童房	
	卫浴设施	浴室	
		盥洗室、更衣室	
		厕所	
	其他	楼梯及走廊等	
	合计		
	总计		

图板的制作方法

要描述各个房间的情况，可以从杂志、商品目录或互联网上寻找符合自己心意的图片，分别制作各个房间的图板。也可以拍一些自己喜欢的咖啡店或酒店中的照片。图板不但能帮助业主向开发商说明自己的内装感觉和世界观，在对自己的风格进行再确认时也有重要作用。

风物长宜放眼量——建房时要考虑到 10 年、20 年甚至 30 年之后的情况，建一幢无需改建的住宅

要追求完美，其实是没有尽头的。这个也想要，那个也想要，但理想总不可能全部转化为现实。在规划过程中，因为费用方面的问题，也可能不得不取消一些项目。考虑到这种可能性，就需要对各个需求进行排序。

话虽如此，也没必要从一开始就缩手缩脚，还是把自己的愿望都尽情地说出来吧。在我们的“案例分析住宅”的网页上也做过介绍，在一个榻榻米大小的空间（1.6562m^2）里，也能打造一个“自用玄关（正门玄关之外的、自家人专用的玄关）”；在过道上也能设置一个多功能空间。此外，就像神户的案例分析住宅那样，可以在一种称作“箱座”的收纳箱上铺上榻榻米，就能打造出日式房间，而把它挪开，客厅又可以随之变大。

房子小一点也没关系，只要肯下工夫去灵活地利用空间，你的愿望也照样能获得满足。

既然一辈子都要住在这里，那么如何灵活利用空间，就成了一个至关重要的问题。例如如果用隔墙来分隔儿童房，固然非常扎实牢靠，但今后想要改变儿童房的结构，就只能通过改建了，不够经济。如果改用家具之类的来分隔，那么在孩子们长大之后，就可以根据需要重新安排出各种各样的户型。

此外，还可以把卫生间、浴室等卫浴设施设置在主卧的近旁，上了年纪之后的生活就会更方便。年纪大了腿脚不好，上下楼梯就会吃力，因此最好能在设计之初就预留下安装电梯的空间。总之，在规划布局的时候应该尽量考虑长久，以便在情况发生变化时，尽量压缩改建的规模。还是安装电梯的问题，如果先把房子建好，多年后为安装电梯而进行改建的话，费用、工程量和对生活的影响就会很大。如果一开始就考虑到今后安装电梯的可能性，通过预先设置一些储物间来确保相应的空间，那么安电梯时的成本，就只限于电梯本身及安装费用了。走廊的面积、无障碍结构等，也属于预则立不预则废，要在规划阶段加以考虑，以备不虞之需。

孩子们结婚之后，也可能继续在家与父母同住；自己新建的房子，也可能请父母过来养老。我建议大家做好未来的规划图，一旦出现了这类情况之后，无需改建就能顺利居住。好好想一想自己 10 年后、20 年后、30 年后的生活状态，提前就在住宅方面做好准备。即使眼前的经济情况不允许，也要在规划中留出余量，以便 20 年之后接父母同住，以尽孝心。办法是从现在开始就为今后的改建逐渐攒钱，或者考虑在孩子们成长独立之后，如何使用他们空下来的房间。

总而言之，在建房的时候，要尽可能考虑得长远、细致。万事有备无患，即使今后的生活平台发生变化，也可以只需很小的改建规模，就能让全家人过得开开心心。

将来你想过什么样的生活呢？到时候小孙子来家里玩儿，晚上让他住在哪间房？畅想将来的快乐生活，规划平平淡淡才是真的每一天，本身就是一种幸福。家是给我们带来幸福的地方，无论今天还是明天。这，才是真正的理想之家。

step 4

制作“未来的规划图”

在明确了现在的家庭情况之后，接下来就是把全家人的生活状态描绘出来，制作“未来的规划图”。有了这张图，各个房间的规格（特别是儿童房），以及今后可能需要的设备及准备就会清晰起来。

孩子们的成长期

户主年龄 30 ~ 45岁

· 以孩子们的成长为中心

⇒ 要在规格和设备方面做好准备，以便根据孩子的不同成长阶段顺利调整房间隔墙或居室布局

· 与亲朋好友频繁的交往也很重要

⇒ 从加强孩子学习与周围保持社会关系的角度，当然不能忽视

家庭成员发生巨大变化的时期

户主年龄 45 ~ 60岁

· 孩子长大成人，走入社会

· 与老人同住的可能性

· 孩子结婚、与老人同住

· 孙辈的出生

⇒ 应确保在这种情况下尽量压缩改建的规模

· 考虑到户主自身及孙辈的情况，对无障碍措施进行再确认

老龄期

户主年龄 60岁以上

· 丧偶

· 体力衰退

· 因孙辈的成长，出现三代同堂的可能性

⇒ 到了这个阶段，房屋会逐渐老旧，可能需要大规模改建

※制作了“未来的规划图”，我们就会发现需要儿童房的时间段比想象的要短。

“掌握了“简历”和“未来的规划图”，就能更具体地构思建房的概念。那么，你心中最完美的家是什么样子的呢？”

近藤典子视角

家有老人

我是过来人，才能看到别人无法发现的问题。

与老人同住：保持恰当的距离，全仗居室布局之功

两代人同住的难点，在于户主与老人如何保持“恰当的距离感”。要做到这一点，就要明白哪些地方应该共享，那些地方应该分开？考虑到父母年事渐高，要在建房时准备些什么，规划些什么？就让一个过来人谈一谈吧。

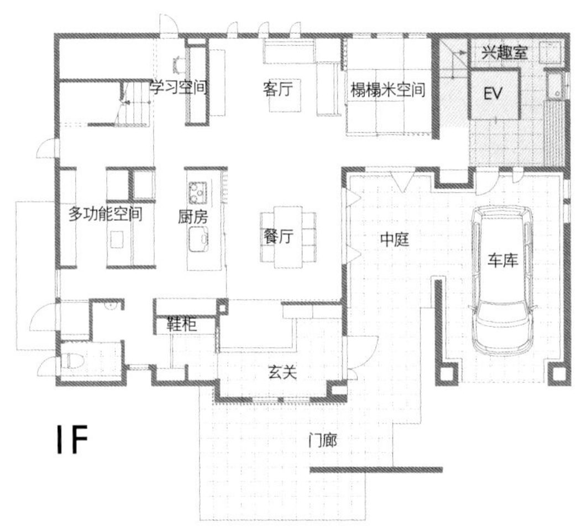

神户

在一个家里分别设置正房和离屋

和老人同住，共享玄关、客厅、餐厅、厨房、卫浴，但也要通过小院进行分隔。左侧是户主居住区域“正房”，右侧二楼则是老人居住的区域。“离屋”，能够保持恰到好处的距离感。

两代人之间应共享家中的哪一部分，应将双方的生活周期进行比较来决定

与老人同住时，居住方式可分为三大类。

①完全分离型。上下层相接或同层相邻，但各自具备完全独立的空间。

②部分共享型。共享玄关、客厅、厨房等房间的一部分。

③完全同住型。除了各自的房间（卧室）之外，完全共享。

具体该采用哪种类型，选择起来相当不容易。要找到大家都满意的方式，应该把两代人各自的生活周期写出来，然后加以磨合。

具体写些什么呢？可以列出起床和就寝时间、吃饭时间、平日与周末是怎么过的、来客的状态、兴趣爱好等。有了这些材料，就可以开始考虑要不要共同使用玄关、客厅、厨房、浴室、卫生间等。

比方说老人的晚饭时间是5～6点，而户主则是7～8点，那么户主就会在老人吃饭的时候做饭了，不方便。这就要考虑是各自用一个厨房，还是调整双方的吃饭时间。当然，要建造两个以上的厨房、卫浴设施，就要考虑是否值得，毕竟用具和设备的费用、施工费用、水电气的费用都会相应增加，打扫起来也会更费时间。

我个人的意见是把玄关统一在一处。毕竟生活在一个屋檐下，这么做才能有“家”的感觉。既然专门建了三代人同住的房子，当然应该想办法让家人之间更亲密，有一个恬然的环境。接下来，对于上述①、③的类型，我建议如下。

“①完全分离型”也要保证双方居住范围的连带性。例如在双方的居住范围之间设置走廊或楼梯，保证发生紧急情况时能从容应对。此外，如果让老人住在一楼，则卧室正上方楼层的用法也要予以考虑；如果老人住在二楼，配有电梯当然是最好不过的了。

如果采用的是“③完全同住型”，双方自然会经常在一起，此时就需要在客厅的一隅设置一个能遮住视线的角落，或者在各自的卧室里设置起居空间，以便能保持各自的私密环境。

上面这两张图中的居室布局，就是我设想的“与父母同住型住宅”的一例。是神户的一幢样板房。隔着小院，左侧是户主一家，右侧二楼是户主父母，实现了“正房加离屋”的布局。考虑到老年人的身体，今后可将二楼电梯一侧的储物间改为浴室，而现在只要提前设置好上下水管道就可以了。

电梯对老年人和护理者都很有帮助

在我家里，婆婆住三楼。她能自由往来于二楼的客厅和客厅，并能轻轻松松地外出，多亏了家里的电梯。如今婆婆已经需要别人护理，电梯更是不可或缺。

扶手应设在恰当的位置，目前不需要设太多

婆婆使用的厕所中，安装了一根不长的扶手。左手扶在盥洗台上，右手抓住扶手，就能从坐便器上站起来了。如果扶手还不急需，那么可以在施工时注入加固用底材，今后安装扶手时就方便多了。

玄关的长椅是老年家庭的必需品

我家的玄关里，长椅也是婆婆的必需品。坐在上面，右手扶住木制的把手，很轻松地就能站起来。与老年人一起生活的家庭，应该将玄关做得大一些，放一条长椅。

与父母同住时，一开头就要注意的事项，今后需要添置的设施

开始与子女同住时，老人们也许身体还硬朗，但自然规律是无法对抗的，总有一天他们会老去，身体也会日渐衰弱。在建房时要预见到10年、20年、30年之后的情况，在设计阶段就要考虑完善：哪些是一开始就需要的，哪些可以在今后根据需要慢慢追加？

建房时应该具备“无障碍”的意识。在有高低差的地方，就应该让高低差更醒目（这样就会让使用者更注意，能消除安全隐患），而地面的高低差则应该尽可能地予以消除。门槛部分的高低差是造成摔倒的原因，将来改为无障碍结构时的花费也不少，因此应在一开始就处理好。

在有高低差或台阶的地方，也应该预先设置扶手，使用起来就会更放心。当然，如果老人的身体还很硬朗，而家里到处都是扶手的话，既不好看也无必要，此时只在最需要的位置安装扶手，其他地方（将来有可能需要的位置）暂时不设置，加上加固用底材以备今后安装就可以了。此类底材在房屋完工后再另行施工会很困难，因此要提前放好，将来也省心。

最近经常能看到不带立板的楼梯，让人很担心发生跌落事故。装修设计的观赏性固然重要，安全性更是需要优先考虑的。

随着岁月的推移，今后家里有可能使用轮椅。应该为这种情况作相应的准备，在玄关、走廊、房间入口，都要确保偏大的面积，方便轮椅从容出入。最好在玄关设置子母门，两个门都能打开，将来用起来就会更方便。

另外，今后可能需要的水管设施，最好也能在现在就做好相应的施工，将来会省心不少。拿我们家来说，在婆婆的房间的厢房那里，一开始就设置好了卫浴用的上下水管道。刚开始和老人一起住的时候，卫浴自然是大家共用，但人年纪大了以后，自然会希望卫浴设施就在卧室旁边。做到了这一点，对她本人和我们这些晚辈都很方便，免去了不必要的各种心理负担。

还有一点，如果老人住在楼上，那么还是应该为今后安装家用电梯而做准备。不必立刻设置电梯，但要把所需空间预留出来，方便今后。在安装电梯之前，这些空间可以用作各层的储物间。

最近，日本政府开始推行“长期优良住宅”政策，这意味着同一幢房子，今天是两代人居住，将来则会生活着三代人。到了那个时候该怎么生活，今天又需要为此做什么样的准备，这些都要在设计的时候认真考虑。

Case Study
根据“生活方式”

一幢住宅，活动方便、清爽利落，还能减轻日常生活中的压力……我的这些梦想，在下面介绍的几套住宅中得到了体现。它们是大和房屋的横滨、神户、名古屋和广岛的案例分析住宅，以及一套韩国的集合式商品住宅。在不同的地区，与左邻右舍打交道的方式也不同，而对于住宅的面积，也因是否与老人同住而出现不同的需求。到底要过怎样的生活呢？符合心意的住宅打造之路从此开始。

Yokohama
〈横滨〉

“私密生活”或“邻里交往”？通过门来搭建不同的舞台场景吧

Kobe
〈神户〉

灵活地改变空间，让各种乐趣融汇到日常生活之中去

House 5 打造的5个家（案例分析住宅）

Nagoya
〈名古屋〉

现代派的厢房，正是一家交流的舞台；在私密露天平台分享团圆时刻

Hiroshima
〈广岛〉

把自己从汽车生活的压力中解放出来。放眼未来生活，打造内置式车库

Seoul
〈首尔〉

想要在集合式住宅中追求舒心，必须执着于收纳问题

案例住宅　横滨
Case Study House YOKOHAMA

Yokohama（横滨）

“私密生活”或“邻里交往”？通过门来搭建不同的舞台场景吧

门的最大功用，就在于分隔空间。主要用于各房间的出入口，分隔内外及各个房间。

通过分隔房间，原来的一个空间就会变成2个、3个，每个空间又会发挥新的作用。比方说在全家人共用的客厅，如果把其中一角用门来隔开，就出现了一个私密空间。

能不能发挥门的功能，让日常生活更加多彩？我最初的这个愿望，最终在这幢横滨的案例分析住宅中获得实现。在这幢房子里，我把居住空间设置在正方形的三个边上，通过对开口部分的规划，使居住者都能享受家中小院的美好之处。

生活在都市之中，与邻居的关系往往会显得淡薄。集合式住宅就是一个有代表性的例子，大家都生活在一个各自封闭的空间里。其实有很多人愿意敞开家门与邻居和睦相处，所以设计时选择了开口很大的小院式布局。

话虽如此，老是敞开家门的话就会太吵，没法安静地生活。这就需要门了。都市的土地非常宝贵，住房的共用空间也很狭窄，要把私密空间与邻里交往分开，门起的作用是很大的。

在横滨的案例分析住宅中，仅仅在院子的前方设置了一扇格子状的大门，在通往院子的位置装上一扇门，里面就成了私密空间。到了天清气朗的周末，大家可以把桌子搬出来，享受一顿露天午餐；有时候来客很多，也可以用来当作宴会厅。都市里的露天餐厅是难得的享受空间，一边感受大自然的空气，一边享受美食，堪称无上之福。

对于里面的住户来说，既能与芳邻敦睦友情，同时又能保持恰当的距离感，这些也都要拜托这些别出心裁的门。

在每一个的家里，我们也在一些位置提出了不少关于门的方案，比如说厨房，近来与餐厅、客厅面对面的开放式厨房很流行，但做饭时的油烟、污浊和各种垃圾，都能从客厅看到，总觉得欠雅观。传统型厨房自然没有这些缺点，但封闭的空间，却让主妇们产生一种孤独感，两者都难称完美。而在厨房里设一扇门，还是面对面布局，需要关闭时就从窗套中把门拉出来，一秒钟内就变成一间独立型厨房了。

门是有效改变家中面貌的道具，会让日常生活更加丰富多彩。

Profile　资料

家人的简历：
一家4口
丈夫39岁
· 大型制造企业技术人员
· 喜欢打高尔夫球
妻子37岁
· 家庭主妇
· 对园艺及家庭菜园有兴趣
女儿10岁
· 痴迷于芭蕾舞
儿子6岁
· 狂热爱好足球

未来的规划图：
10年后
· 女儿上大学后继续住在家里
· 儿子上高中，也住在家里
20年后
· 女儿结婚后独立生活
· 儿子工作后独立生活
· 父母有可能搬来住
30年后
· 夫妻二人的生活
· 尽情享受各自的兴趣爱好

案例住宅　横滨
Case Study House **YOKOHAMA**

邻里之间的交往空间——MAMA’s Deck

为了住户之间的交往，在本住宅中，在多功能空间外侧设计了“主妇的露天平台”。这可以算作过去“后门”的现代版吧。有事要找邻居时，不必走玄关，直接就可以从车库旁边走进 MAMA’s Deck，非常方便。在放上一张小茶几，就可以一边喝咖啡，一边尽兴地跟对方聊天了。

多功能空间直接连着厨房和餐厅，主妇可以一边忙家务一边招呼客人，如果邻居看到主人忙，也能很快把该说的话说了，然后早早回家。这一场景，也是邻里之间交往中所应保持的恰到好处的距离感之一。

多功能空间与厨房连在一起，家务也基本上能在这个角落里全部完成。

穿过自用玄关，经过多功能空间来到厨房。不必低效率地绕道，免去家务劳动中的多余负担，要归功于动线设计的扎实、高效。住在这幢房子里，家庭主妇也会感到轻松舒适。

在主卧中，还设置了女主人的梳妆室兼男主人的简易书房。仅仅通过家具对空间进行分隔，就能把光用来睡觉的地方转化为使用方便、多种用途的居室。

通过家具进行分隔，打造一个多用途居室

将卧室的一部分用家具分割开，这部分空间就可以用来当作女主人的化妆室或男主人的小型书房。再加上一扇门，防止灯光或声音外泄，把关爱奉献给睡眠中的那一半吧。

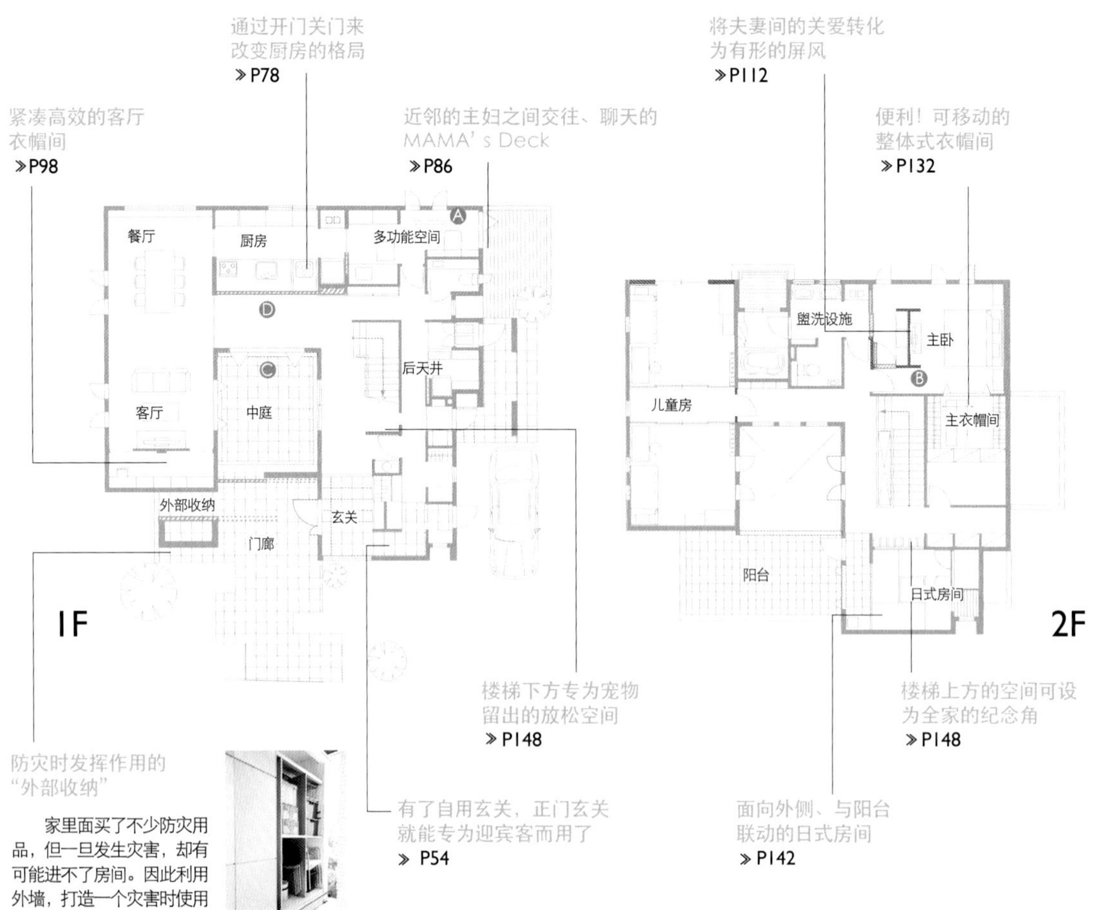
通过开门关门来
改变厨房的格局
» P78
紧凑高效的客厅
衣帽间
» P98
近邻的主妇之间交往、聊天的
MAMA’s Deck
» P86
将夫妻间的关爱转化
为有形的屏风
» P112
便利！可移动的
整体式衣帽间
» P132
餐厅
厨房
多功能空间
后天井
客厅
中庭
外部收纳
玄关
门廊
盥洗设施
主卧
儿童房
主衣帽间
阳台
日式房间
1F
2F
楼梯下方专为宠物
留出的放松空间
» P148
楼梯上方的空间可设
为全家的纪念角
» P148
防灾时发挥作用的
“外部收纳”
有了自用玄关，正门玄关
就能专为迎宾客而用了
» P54
面向外侧、与阳台
联动的日式房间
» P142

家里面买了不少防灾用品，但一旦发生灾害，却有可能进不了房间。因此利用外墙，打造一个灾害时使用的储备仓库。

※图纸中的布局与实际的案例分析住宅可能略有不同。

A B
C D

Kobe（神户）

灵活地改变空间，让各种乐趣融汇到日常生活之中去

夹在山与海之间的神户，是很难找到一块宽大的土地的。其实不只是神户，在所有的城市之中，怕是都很难随心所欲地寻求足够大的建房用地吧。我听说因为房子小，很多家庭在过年过节的时候都难以尽兴地邀请外地的亲友来团聚。

而这幢神户的案例住宅“带离屋的住宅”，则给我们做了一个很好的证明：用地面积小没关系，只要下足了工夫，一样有足够的面积招亲待友。这里说的离屋，指的是户主父母的居所。这幢房子是按照三代同堂来设计的，但空间布局是可以改变的。如果取消老人居住的空间，则一家 4 口就可以独享 24 坪（约合 80m^2）的住宅了。

这幢房子最大的特点在于厨房的位置。一开始设计的时候，就计划尽量减小走廊等空间，扩大居室的面积，其结果就是：打开玄关大门，立刻就是厨房和餐厅。

此前也有别的方案，也就是打开门之后，迎面不是厨房、餐厅，而是客厅。但想到客厅是一家人放松的地方，在这里与来客交往谈话，总觉得不太舒服，于是放弃了。

把厨房设在大门口附近，孩子们放学回家，妈妈就能立刻迎接他们了。更重要的是主妇身在厨房，全家的状态可以一览无余，同时也可以看到户外的情况，活生生一个指挥全局的司令部。

房子的另外一个特点，则是能够灵活地改变空间。与客厅相邻的日式房间，是在称作“箱座”的收纳箱上铺上榻榻米的、7.5m^2 左右的房间（4.5 个榻榻米）。把箱座挪开，日式房间就能跟客厅融为一体。此外，在中庭铺上木板当露台，餐厅的范围就进一步扩展，客厅加餐厅的总面积能达到 46m^2。有了这么大的空间，当然有心情请亲朋好友来玩了。

日式房间中没有壁橱，但箱座能够发挥同样的作用。被褥什么的都能装进去，家里来了客人，可以让他们住在这里。

中庭的露台平常可以作为孩子们游戏的场所，到了周末则可以当餐厅。通过改变空间，能根据需要发挥不同的作用。

在建房的时候，我们都会有各种各样的梦想，生活的方式啦，各种兴趣爱好啦。但美好的梦想每每在现实之前受挫。不过请你不要轻易服输，只要肯动脑子、下工夫，梦想终会一步步向你走近。

Profile 资料

家人的简历：
一家6口
丈夫37岁
· 白领
· 喜欢车和钓鱼
妻子34岁
· 家庭主妇
· 喜欢玩电脑
女儿9岁
儿子3岁
公公65岁
· 退休公务员
· 喜欢钓鱼
婆婆62岁
· 家庭主妇
· 喜欢夏威夷拼布和旅行

未来的规划图：
10年后
· 女儿上大学后继续住在家里
· 儿子上初中，也住在家里
20年后
· 孩子们独立生活
· 两口子开始担心爷爷奶奶的身体
30年后
· 夫妻二人的生活
· 尽情享受各自的兴趣爱好

案例住宅　神户
Case Study House **KOBE**

在一个空间里赋予多种效用，打造一个紧凑的多功能之家

想要有一幢房子不大，但具备高性能的家，需要在一个空间内植入各种各样的功能。

例如厨房后面的多功能空间，在来客很多的时候，也可以变身为备用厨房。骤雨初至，在外面晾晒的衣服，也可以暂时拿到楼梯旁边的走廊阴干。

车库也一样，并非只是用来泊车的。在车库的墙上安装带雨棚的折叠小桌，然后把茶具放在那里。先生开车上班之后，太太们就可以在自家的咖啡馆享受悠闲的时光了。

主卧与盥洗室之间有不到 $2m^2$ 的空间，利用这块地方，可以做成微型化妆室兼书房。楼梯下方的部分很容易白白浪费，成为死角，不如做成客厅衣帽间兼学习空间。房子紧凑得如同飞机的驾驶舱，但一个人的空间，也是能充分放松的地方。

如果父母还健在，虽然目前分别居住，但将来也许会接来同住，那么需要的时候再增筑就可以了。只要认真描绘了未来的规划图，任何时候都能做到心中不慌。

从厨房里能够一览整个公用空间

在神户的这幢案例分析住宅中，一楼的正房部分是一个很大的空间。站在厨房里，不但能看到整个一楼，楼梯以上的部分都能尽收眼底。把厨房门打开，就能一边在厨房忙碌，一边目送孩子们出门上学了。

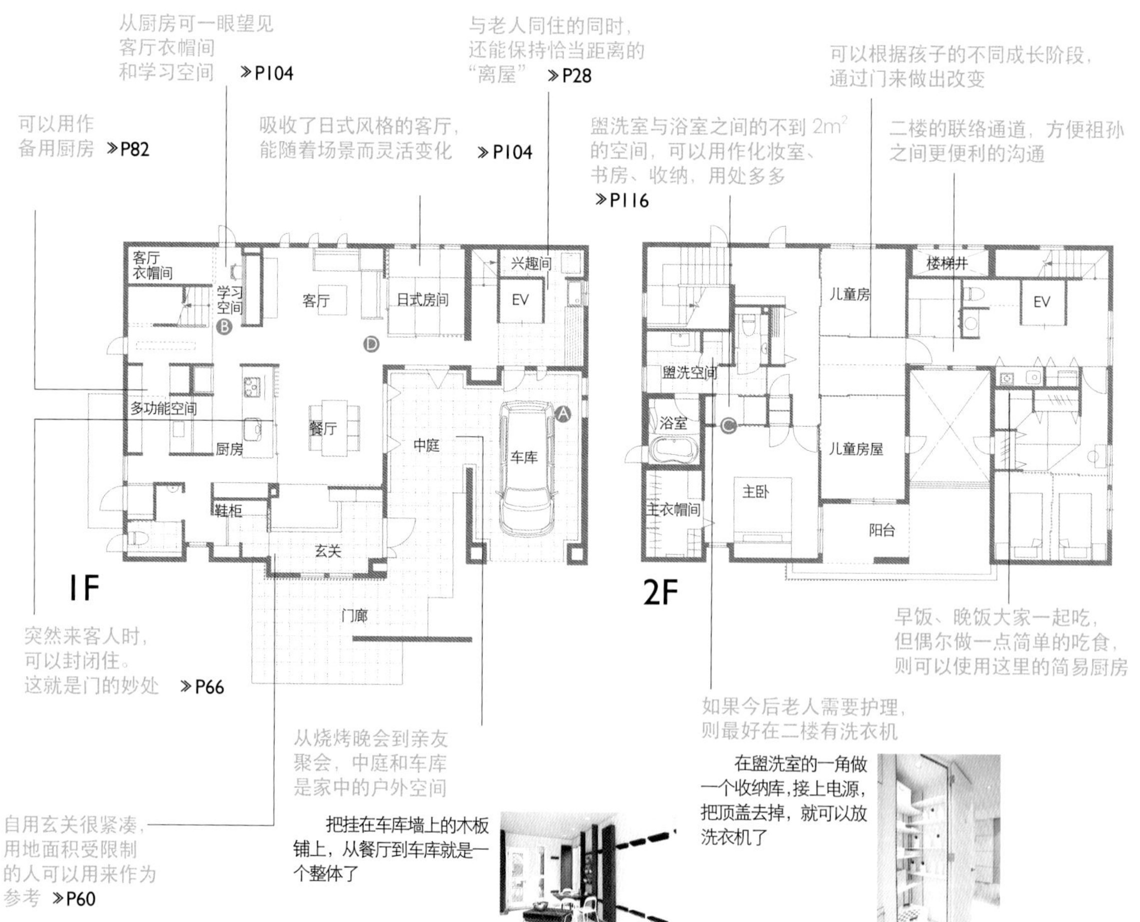
从厨房可一眼望见
客厅衣帽间
和学习空间 »P104
与老人同住的同时，
还能保持恰当距离的
“离屋” »P28
可以根据孩子的不同成长阶段，
通过门来做出改变
可以用作
备用厨房 »P82
吸收了日式风格的客厅，
能随着场景而灵活变化 »P104
盥洗室与浴室之间的不到 2m²
的空间，可以用作化妆室、
书房、收纳，用处多多
»P116
二楼的联络通道，方便祖孙
之间更便利的沟通
客厅
衣帽间
学习
空间
客厅
日式房间
兴趣间
EV
多功能空间
厨房
餐厅
中庭
车库
鞋柜
玄关
门廊
1F
楼梯井
儿童房
EV
盥洗空间
浴室
儿童房屋
主卧
主衣帽间
阳台
2F
突然来客人时，
可以封闭住。
这就是门的妙处 »P66
早饭、晚饭大家一起吃，
但偶尔做一点简单的吃食，
则可以使用这里的简易厨房
如果今后老人需要护理，
则最好在二楼有洗衣机
从烧烤晚会到亲友
聚会，中庭和车库
是家中的户外空间
自用玄关很紧凑，
用地面积受限制
的人可以用来作为
参考 »P60

把挂在车库墙上的木板铺上，从餐厅到车库就是一个整体了

在盥洗室的一角做一个收纳库，接上电源，把顶盖去掉，就可以放洗衣机了

　※图纸中的布局与实际的案例分析住宅可能略有不同。

A B

C D

根据“生活方式”打造的 5 个家

案例住宅　名古屋

Case Study House **NAGOYA**

Nagoya（名古屋）

现代风游廊正好作为沟通的平台，在露台度过家人团聚的时光

在我的心目中，这幢名古屋的案例分析住宅的主人应该是这样的：在东京上大学，毕业后回到故乡，然后在父母家的旁边建房……

既然回到了生于斯长于斯的地方，不用说同学、朋友很多，亲戚自然也少不了，会有不少客人常过来转转。那么方便主人热情待客的住宅，应该是什么样的呢?

这幢住宅最大的特点，就是从客厅、日式房间一直连接到外侧平地的露天平台。邻居兴之所至，随时可以过来，在游廊与主人喝喝咖啡、聊聊天，这就是我们的现代风游廊。谁都可以随心所欲地来转转，与主人一起谈天说地，尽兴而去。

话虽如此，个人的隐私当然不能忽视。具体做法是把楼梯设在一楼的正中央，从而遮挡住客厅到餐厅的视线。

如果家人喜欢露天就餐，可以把地点选择在与餐厅相邻的自家用露台。全家人汇聚一堂，享受和睦的时光，请充分利用这片私密空间。

露台还与日式房间的收纳部分的出入口相接，因此还可以用作晾晒被子、换季服装，以及除虫等做家务的地方。一个人整理收纳或储物柜中的物品是很辛苦的，但在蓝天白云之下，一家人齐心协力来做，岂不快哉!

这幢住宅的另外一个特点在于它的收纳空间。之前我们也说过，收纳空间的基本原则应该“物尽其用、规模适当”。名古屋的服装类和生活用品的持有率是比较高的，因此在设计的时候，我们在主卧与儿童房之间设置了大型衣帽间。包括和服在内，所有的衣物都能在这里进行统一管理。

家里孩子还小的时候，自然是妈妈替他们管理衣物，当然全都放在一起最方便。等到孩子能自己管理衣物的时候，可以在大型衣帽间内设置隔板，形成各自独立的空间，将父母用和子女用的服装分开。

这个大型衣帽间的面积约为 13m^2，在孩子们长大成人，离家独立后，这部分空间还可以用作父母从事兴趣爱好的场所。而这种情况下也不必大动干戈地改建，只要将“收纳组件”的组合方式稍加改变，就能轻松地获得另外一个空间了。

注重邻里之间的交往，同时也能维护家庭的内在和谐，与住宅建立一种新的打交道方式，这就是名古屋的案例分析住宅。

Profile 资料

家人的简历：

一家4口

丈夫37岁

- 大学老师
- 酷爱足球，像所有爱运动的人那样，喜欢热热闹闹的活动

妻子35岁

- 家庭主妇
- 喜欢制作点心

儿子7岁

- 受爸爸的影响，狂热爱好足球

女儿5岁

- 喜欢围在妈妈身边帮忙

未来的规划图：

10年后

- 孩子们上初、高中，继续住在家里
- 妻子要开办一间点心制作兴趣班

20年后

- 儿子工作后独立生活
- 女儿上班，仍住在家里

30年后

- 夫妻二人的生活
- 每年出国旅行一次
- 计划搬到儿子那里去住

案例住宅　名古屋
Case Study House **NAGOYA**

大型衣帽间和日式房间收纳都要适应自己的生活

对于新的收纳空间，设计时除了人可以出入的大型衣帽间方案之外，还提出了包括“日式房间收纳”在内的其他几处收纳方案。日式房间中的收纳，一般来说就是日式壁橱。但日式房间中使用的物品，例如偶人等根据季节、节日而使用的物品，以及平常放在储藏间里的电热毯、被炉等，有没有更便利的收纳方法呢？从这一思路出发，产生了壁橱与储物间合为一体的“日式房间收纳”。

还有一个则是客厅衣帽间。在名古屋的这幢住宅中，紧挨着客厅设置了衣帽间。位置在玄关与客厅之间，前面正好是楼梯。也就是说，除了收纳客厅用品之外，这里还适合存放外出时的用品、客人穿的大衣、玄关附近的物品等。此外，把自己房间的物品拿到客厅之前，可以暂时存放在这里，算是一个颇为便利的收纳间。

收纳空间的位置，决定了它能发挥的作用。因此在设计的时候要考虑到日常的动线，在效率最高的地方进行设置。

确保私密空间，是寻求舒适生活的要点

一个家庭是不是热情待客的，能从家中的配置中感觉出来。在名古屋的这幢住宅中，就是通过露台、通过宽敞的玄关表现出来的。与此同时，保证家人的私密空间，也是不可忽视的要点。自家用露台具备这个功能，设置于一楼正中的楼梯能遮住外界的视线，也具有很好的私密效果。

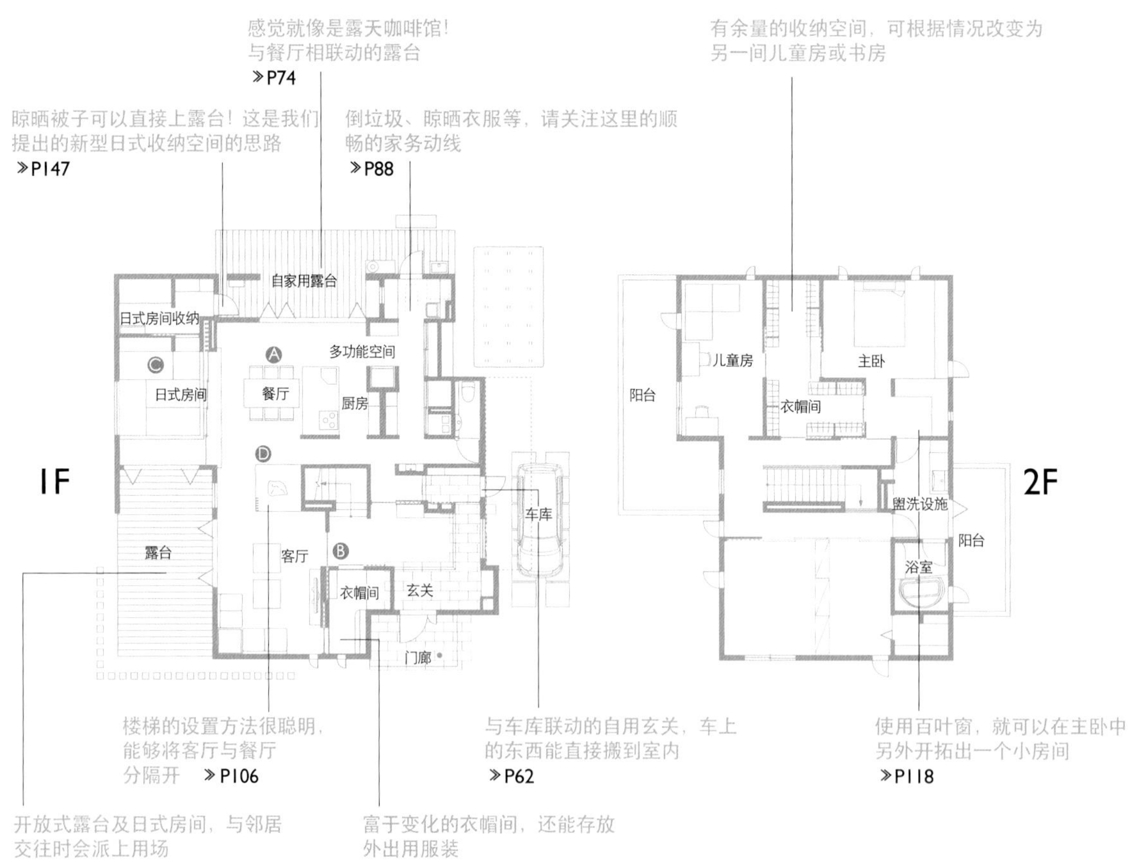
感觉就像是露天咖啡馆！
与餐厅相联动的露台
》P74
晾晒被子可以直接上露台！这是我们提出的新型日式收纳空间的思路
》P147
倒垃圾、晾晒衣服等，请关注这里的顺畅的家务动线
》P88
有余量的收纳空间，可根据情况改变为另一间儿童房或书房
自家用露台
日式房间收纳
多功能空间
日式房间
餐厅
厨房
1F
露台
客厅
衣帽间
玄关
车库
门廊
儿童房
主卧
阳台
衣帽间
盥洗设施
阳台
浴室
2F
楼梯的设置方法很聪明，能够将客厅与餐厅分隔开　》P106
与车库联动的自用玄关，车上的东西能直接搬到室内
》P62
使用百叶窗，就可以在主卧中另外开拓出一个小房间
》P118
开放式露台及日式房间，与邻居交往时会派上用场
富于变化的衣帽间，还能存放外出用服装
》P106

　※图纸中的布局与实际的案例分析住宅可能略有不同。

A B
C D

Hiroshima（广岛）

把自己从汽车生活的压力中解放出来 放眼未来生活，打造内置式车库

与大城市不同，私家车是生活在中小城市的人外出时必不可少的装备。与汽车保持良好的关系，是日常生活中一个重要的减压因素。在这幢广岛的案例分析住宅中，我们据此提出了自己的回答。

下雨天从车上下来时，手里要拿着很多东西，另一只手还要撑伞。要是小宝宝在车上，那就更麻烦了。为了消除类似的生活负担，车库采用了内置方式。只要把车开进车库，就不必再为淋雨而心烦，慢慢悠悠地，轻轻松松地拿着东西、带着孩子，从车库后方的小门走进家里。

从车库到厨房的动线上，设置了多功能空间和食品储藏室，所有主妇能够一边走向厨房，一边把买来的东西放好。

年纪大了以后，自己可能要过轮椅上的生活，因此在设计的时候做了相关准备。到时候只需要把车库与室内之间的墙改为大型推拉门的话，一样可以继续享受汽车生活。

同样与大城市不同的是，小地方的人情味浓郁，与左邻右舍的交往也是很频繁的。在名古屋的案例分析住宅中，采用了外侧开放的形式，而在广岛的这幢房子中则正相反，选择了“口”字形布局，完全是封闭的。但这可不是拒绝与邻里交往，其实在紧邻玄关的位置设置了一块空间，主人可以在这里招待宾朋，轻松愉快地喝茶聊天。

把玄关到中庭、餐厅的窗户都打开，清爽的微风就会穿透整个房间，身在家中就能感受到开阔的气氛，好似郊游一般快乐。如果来客很多，那么中庭还可以作为开放式餐厅而得到活用。

采用了口字形布局，在住宅内就可以任意地走动，不必原路去原路回，避免了动线上的无效运动。

但孩子们不能在二楼自由地绕圈子，因为这里是爸爸妈妈的卧室，孩子们是不允许进入这里的。

如今，在很多的家庭里，家长和孩子就像朋友一样。这当然不是坏事，不过家长毕竟是家长，孩子总归是孩子，子女对父母应有的敬畏是不能忘记的。只要生活在这幢住宅里，子女的脑海里自然会慢慢地植入这种伦理观念。想想看，在房间布局上稍微多想想，还能对孩子的教育起到作用。广岛的这幢案例分析住宅，就是这种理念下诞生的产物。

Profile 资料

家人的简历：
一家4口
丈夫35岁
· 公务员
· 喜欢读书和滑雪
妻子34岁
· 家庭主妇
· 对茶道感兴趣
女儿6岁
儿子4岁

未来的规划图：
10年后
· 孩子们上初、高中，住在家里
· 妻子开始出去工作
20年后
· 女儿上班，继续住在家里
· 儿子独立生活
· 父母有可能搬来住
30年后
· 夫妻二人的生活
· 致力于公益活动

案例住宅　广岛

Case Study House **HIROSHIMA**

站在多功能空间或厨房，家中情况都能一览无余

从车库到多功能空间和厨房的这部分，凝缩了主妇所需要的各种功能。

家务劳动所需的各种工具，都存放在多功能空间中，主妇在这里忙碌的同时，目光可以透过厨房和餐厅，一直看到客厅的情况。在多功能空间洗衣或熨烫服装时，也能感受到家人就在身边，即使一个人操劳，也不会产生孤独感。

站在厨房，不但能看见客厅方向，连自用玄关的情况也能尽收眼底。孩子什么时候回的家，什么时候又出去玩了，都能一边做事一边了解他们的状态。楼梯设在厨房与自用玄关之间，能够知道家人上下楼的情况。总而言之，身居厨房，所有家中发生的事情几乎都能切实掌握。

什么都不必说，也不影响对家人的关爱。住宅的布局，也能在不知不觉中帮助母子、母女之间加深感情。

站在那个位置，我会看到些什么？当你一边尽情地想象，一边对自己的住宅做着规划的时候，难道不是一段很有意思的时光吗？

客厅衣帽间兼具中庭园艺工具收纳的作用

这幢住宅的客厅衣帽间设置在客厅的边上。出入口有2个，分别面向客厅和走廊。把走廊一侧的空间用来存放园艺用具，摆弄起花草来就方便多了。

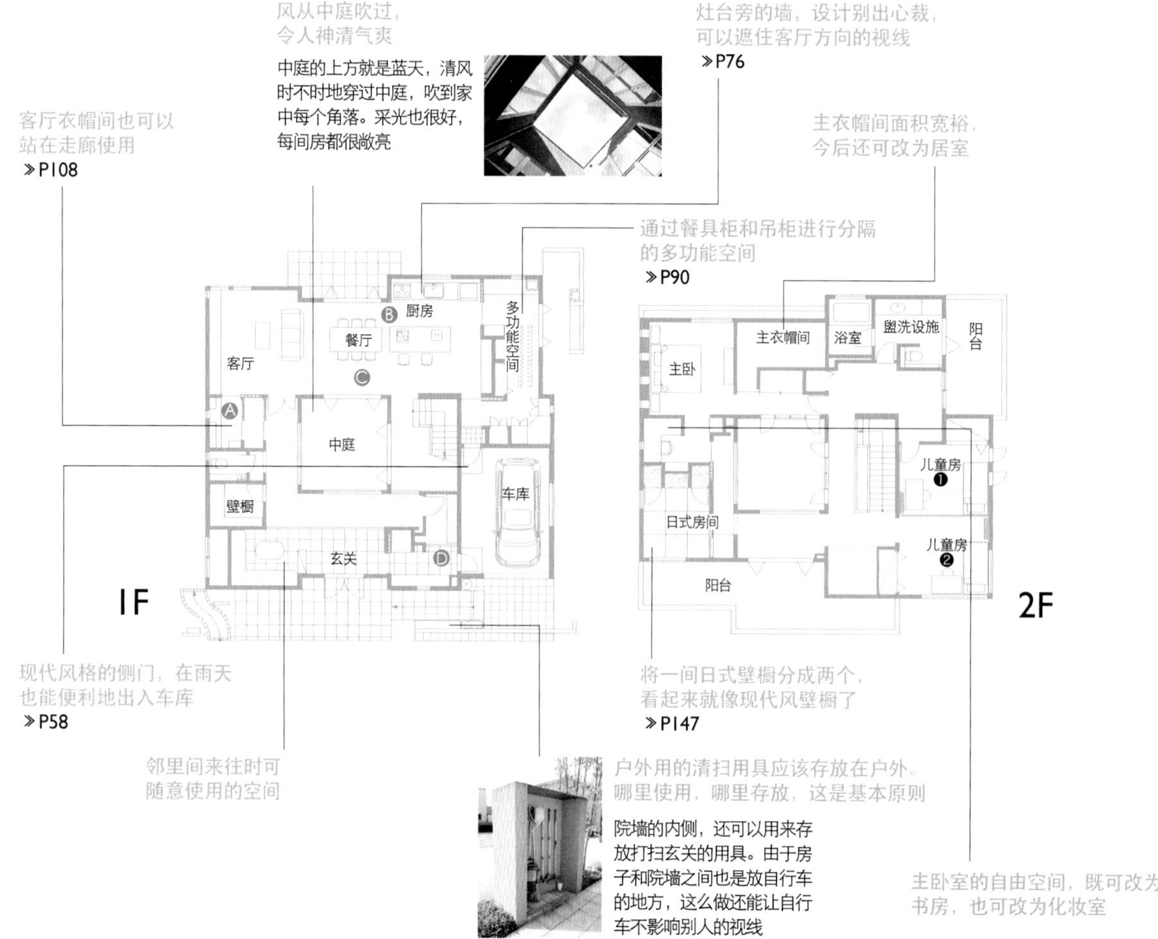

风从中庭吹过，
令人神清气爽
中庭的上方就是蓝天，清风时不时地穿过中庭，吹到家中每个角落。采光也很好，每间房都很敞亮
灶台旁的墙，设计别出心裁，
可以遮住客厅方向的视线
≫P76
客厅衣帽间也可以
站在走廊使用
≫P108
主衣帽间面积宽裕，
今后还可改为居室
通过餐具柜和吊柜进行分隔
的多功能空间
≫P90
厨房
餐厅
客厅
多功能空间
中庭
壁橱
车库
玄关
主衣帽间
浴室
盥洗设施
阳台
主卧
儿童房❶
儿童房❷
日式房间
阳台
1F
2F
现代风格的侧门，在雨天
也能便利地出入车库
≫P58
邻里间来往时可
随意使用的空间
将一间日式壁橱分成两个，
看起来就像现代风壁橱了
≫P147
户外用的清扫用具应该存放在户外。
哪里使用，哪里存放，这是基本原则
院墙的内侧，还可以用来存放打扫玄关的用具。由于房子和院墙之间也是放自行车的地方，这么做还能让自行车不影响别人的视线
主卧室的自由空间，既可改为
书房，也可改为化妆室

　※图纸中的布局与实际的案例分析住宅可能略有不同。

A B
C D

案例住宅　首尔
Case Study House SEOUL

Seoul（首尔）

想要在集合式住宅中追求舒心，必须执着于收纳问题

韩国的地产开发企业 Kolon Industries 开始与我业务联系，是在 2008 年。最开始谈的内容不是住宅本身，而是收纳方面的咨询事项。

在首尔，住宅的主流是集合住宅。为了有更大的居住面积，往往在家中几乎不设有收纳空间。在讨论过程中，项目负责人宋兴洙先生做出了判断：“真正有用的收纳，应该考虑到日常生活，考虑到动线，做到物尽其用、规模适当。因此请您提供一个住宅的整体解决方案”。于是我提出了样板房的一整套方案。

韩国人有自己独特的生活习惯。例如做泡菜要专用的辅助厨房，户主一般使用浴室，而孩子及来客一般使用淋浴室，每年亲戚们都要到长子的家里举行祭祖活动，等等。但是除此之外的基本生活习惯，也与日本大同小异。于是我们还是把主要精力放在了动线设计，以及物尽其用、规模适当的收纳空间上。

独栋住宅一般都是 2、3 层建筑，但集合住宅基本上只有 1 层。要避免每天在同一个地方来回走动很多次，更需要仔细思考动线问题。

我的方案是这样的：把全家人使用的餐厅和客厅设在房屋正中，把儿童房与主卧分别设在左右两侧。多数情况下，韩国住宅中的儿童房位于玄关附近，而父母的主卧往往在离玄关最远的住宅深处。以此为前提，我们找到了一条条高效率的动线。

还有一点，为了缩短动线，收纳空间上设置了两个方向的门。从两个位置都能存取物品，避免了在房间中不必要的绕路。

这幢住宅中，原则上采用的是“环形动线”。在家里绕来绕去，前进时不必走到头再折回来。孩子们不能进入父母的房间，但是在其他的地方则可以自由地活动。韩国是一个很尊敬长辈的社会，这种动线也很自然地获得了肯定。

“过去，我们只是尽量把房间做大，于是建造了很多没有收纳的房子。但是这次采纳了‘小房宽用’的理念，并得到了韩国使用者的肯定”。听了项目负责人的这番话，我深深感到，对于生活的理念，其实本质上在哪儿都是一样的。

Profile 资料

家人的简历：
一家4口
丈夫35岁
· 工程师
· 喜欢登山
· 家中长子，祭祖的时候家里会来很多人
妻子34岁
· 家庭主妇
· 土生土长的首尔人
儿子9岁
· 每周一次接受家庭教师的辅导
· 喜欢溜旱冰
女儿5岁

未来的规划图：
10年后
· 儿子上大学，住在家里
· 女儿上初中，也住在家里
20年后
· 儿子到国外工作
· 女儿工作后还住在家里
30年后
· 孩子们独立生活
· 家里是夫妻的两人世界

案例住宅　首尔
Case Study House **SEOUL**

多加一扇门，活动起来就更方便，东西也不会乱丢

设计的时候花了不少心思，目的就是尽可能省去不必要的动线。在收纳空间的前后位置各设置一扇门，就是成果之一。此外，设在客厅的客厅衣帽间，除了有两扇从客厅出入的门之外，与主卧相接的位置上也另外设了一扇门。

比如说把影碟放在客厅衣帽间里，那么从客厅、从主卧拿取都很方便，也不再会有影碟不知去向的烦恼。总之，不大的东西也变得更容易管理了。看报纸也一样，在客厅看也好，在卧室看也好，看完后只要放回客厅衣帽间里就好了。

另外，从主卧通往衣柜或浴室的途中，也分别在床的左右两侧各设了一扇门。这样的话，出入卧室的时候就不必绕着床走了。

集合住宅的所有房间都在同一层楼里，需要多动脑筋设计。在首尔的这幢案例分析住宅中，收纳空间采取的两扇门，以及对出入口的改建，都能催生出更高效的动线。

让亲戚们在客厅和餐厅搞祭祖活动

把客厅和餐厅连为一体，就是很大的一个空间。使用这个空间的话，很多亲戚一起来进行祭祖活动也没有问题。在客厅衣帽间中，还特别设置了存放祭祖用品的位置。有了专用空间，祭祖活动也会更轻松。

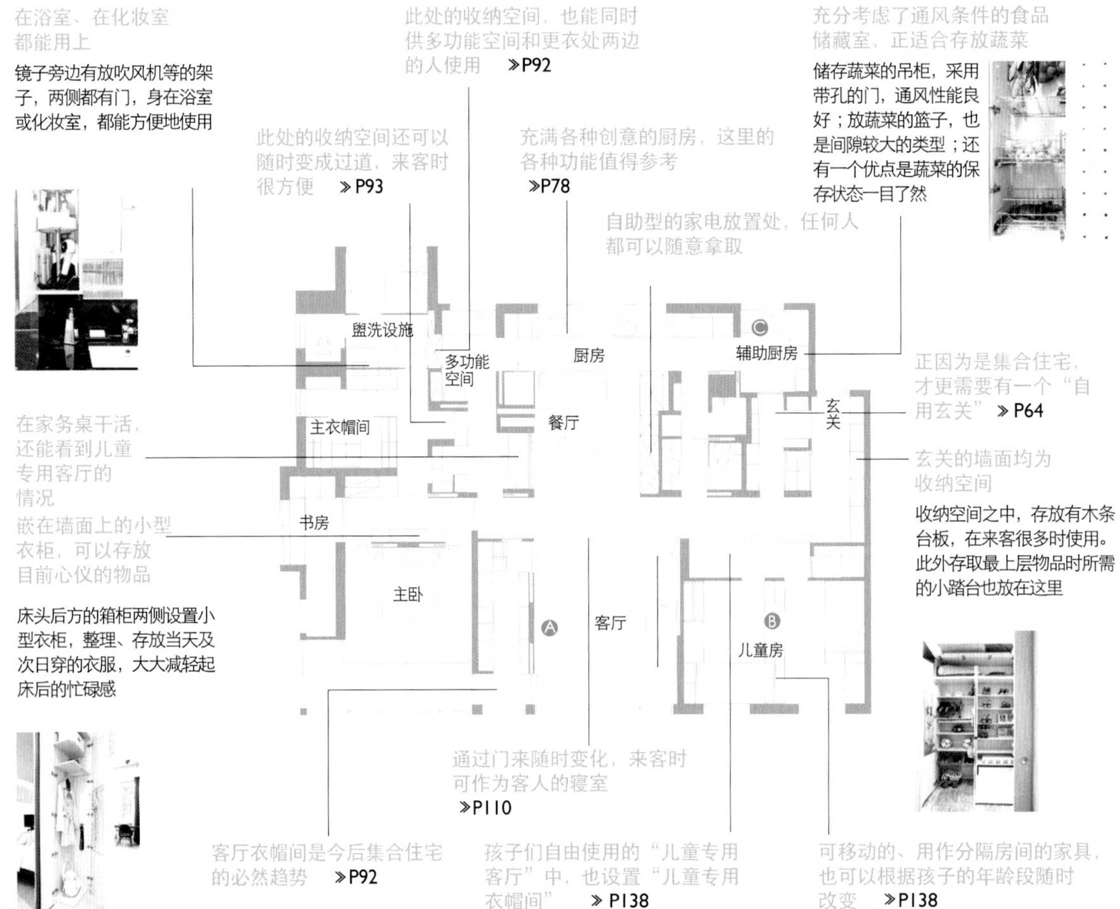

在浴室、在化妆室都能用上
镜子旁边有放吹风机等的架子，两侧都有门，身在浴室或化妆室，都能方便地使用
此处的收纳空间，也能同时供多功能空间和更衣处两边的人使用 »P92
此处的收纳空间还可以随时变成过道，来客时很方便 »P93
充满各种创意的厨房，这里的各种功能值得参考 »P78
充分考虑了通风条件的食品储藏室，正适合存放蔬菜
储存蔬菜的吊柜，采用带孔的门，通风性能良好；放蔬菜的篮子，也是间隙较大的类型；还有一个优点是蔬菜的保存状态一目了然
自助型的家电放置处，任何人都可以随意拿取
盥洗设施
多功能空间
厨房
辅助厨房
玄关
主衣帽间
餐厅
书房
主卧
客厅
儿童房
正因为是集合住宅，才更需要有一个“自用玄关” »P64
玄关的墙面均为收纳空间
收纳空间之中，存放有木条台板，在来客很多时使用。此外存取最上层物品时所需的小踏台也放在这里
在家务桌干活，还能看到儿童专用客厅的情况
嵌在墙面上的小型衣柜，可以存放目前心仪的物品
床头后方的箱柜两侧设置小型衣柜，整理、存放当天及次日穿的衣服，大大减轻起床后的忙碌感
通过门来随时变化，来客时可作为客人的寝室 »P110
客厅衣帽间是今后集合住宅的必然趋势 »P92
孩子们自由使用的“儿童专用客厅”中，也设置“儿童专用衣帽间” »P138
可移动的、用作分隔房间的家具，也可以根据孩子的年龄段随时改变 »P138

A
B
C

Making the bes

各个房间的规划思路

建房的时候首先应该考虑的，不是某个房间的面积，而是这个房间的功能是什么，你想在这里做些什么。明确了每间房的作用，需要的家具及相应面积也自然就明确了。需要什么样的生活用品，自然也了如指掌。在必要的位置，放置必要的物件，房间也就能清爽利落了。思考自己想要做什么，也是把梦想寄托于新家的过程，好好享受这一时刻吧。在这里，我们具体举一些例子，帮助大家思考不同房间的使用目的。

Entrance
〈玄关〉

切换"on"和"off"的接合部

Kitchen & Dining
〈厨房和餐厅〉

家人之间沟通交流，加深感情的场所

Utility
〈多功能空间〉

保证家务劳动顺畅进行的空间

Living Room
〈客厅〉

确保收纳空间，打造一个舒适的沟通平台

# of your Space

（让你的住宅空间达到极致）

Bedroom
〈卧室〉

忙碌一天回家，当然希望拥有一个能彻底放松的多功能卧室

Closet
〈衣帽间〉

换季时无需大动干戈，一个挂衣服的收纳空间

Children's Room
〈儿童房〉

能根据孩子的成长而变化的弹性空间

Tatami Room
〈日式房间〉

让生活更丰厚饱满、更具特色的空间

Entrance（玄关）

切换“on”和“off”的接合部

玄关是连接户内户外的空间。

说声“我走了”，把情绪调整到“on”的状态；“我回来了”时，则要切换为“off”。高高兴兴上班去，平平安安回家来，这是我们每个人的期盼。而要干净利落地调整“on”和“off”状态，就需要在玄关的设计上下工夫。

想想看，如果玄关乱七八糟，你是什么心情？换下来的鞋到处乱扔，孩子们的玩具和洋娃娃把地方都占完了，你出门的时候肯定不会精神饱满，回家的时候也没法彻底放松。

道理谁都明白，可是总让玄关保持干净整洁，也确实不是件容易的事。家里有小孩子的话，就更别提了。

在正门玄关之外，如果再设一个家人专用的“自用玄关”的话，那就不会再为此而头疼了。

让你永远感到舒心的正面玄关

回家的时候，迎接你的是干净整洁的正门玄关。突然造访的客人，也会从玄关感受到主妇的勤劳能干。家人从正门玄关进来，从右侧走进自用玄关，换鞋之后再进入室内。

新思路！将收纳和功能配置在动线上的“自用玄关”

玄关是一家的脸面，谁都想把它搞得干净整洁，但又花不起那么多的时间。怎么办？“干脆把玄关分成两部分”，正是在这一思路下诞生了自用玄关。在迎接来客的正门玄关旁边，设置家人专用的玄关，各自存放所需的物品。

正门玄关用来放客人的鞋、外衣，以及来客用拖鞋。而在自用玄关，则存放家人在玄关所使用的物品。

说到在玄关使用的物品，其实并不只是鞋和伞。除了外衣，还有环保购物袋、散步时戴的帽子、手绢或纸巾、收快递时用的印章等，很多东西还是放在玄关更方便。你也有过这种经历吧，都准备开门外出了，突然想到还有东西忘了拿。在自用玄关设置存放这些物品的收纳，自然就能省去回身去拿的麻烦。

另外，如果在自用玄关附近安一个洗手池，那么每个人都自然而然地养成“进门就洗手”的良好习惯。

自用玄关的鞋柜，最好采用开放式的。存取都方便，当然就能预防乱扔的现象。

分别考虑“来客动线”、“家人的出入动线”、“购物动线”、“上下车动线”，就能够设计出一条简洁高效的动线！

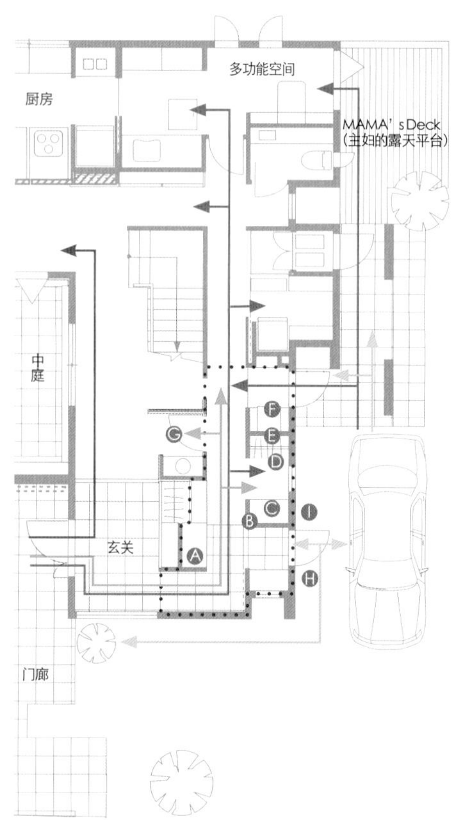

玄关周围有数条动线互相交错

■客人从正门玄关直接进入客厅；■家人在自用玄关脱鞋，在水池洗手，然后进入客厅或厨房；■购物归来，一边把买来的东西放在固定位置，一边走向厨房。此外还另有一条由MAMA' s Deck直接走进多功能空间的通道；■私家车上的物品，放在与自用玄关通用的壁橱里，然后由玄关或后门进家。

来客动线
家人出入动线
购物动线
上下车动线
···· 自用玄关

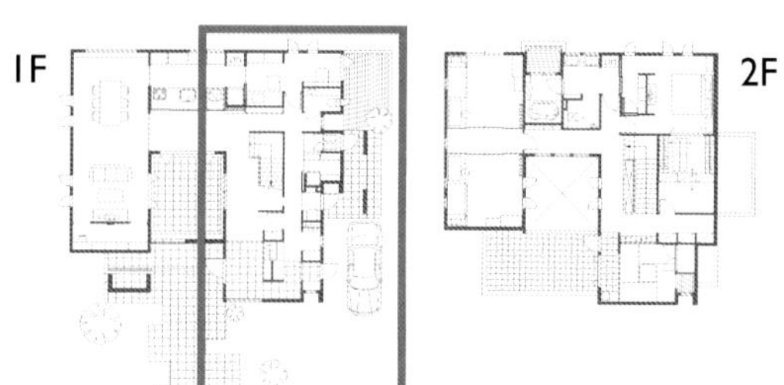

从外面到家里，动线上的各个收纳空间

A 外出时的必需品都放在这里

挂伞的地方，按照高中低的顺序安装三副架子。最外侧的架子挂折叠伞，中间放平常用的伞，最里面放备用伞，下方直接是地板，方便打扫。

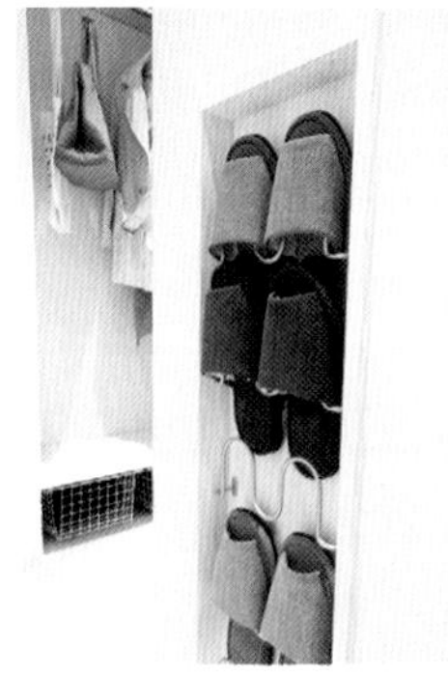

B 进深只需 10cm，就能充分收纳拖鞋

利用了墙的厚度设置的拖鞋架子。在墙上挖一个深度约10cm的凹槽，放上鞋架。过道太窄，普通的鞋柜会影响通行，但凹槽不占过道空间，方便多了。

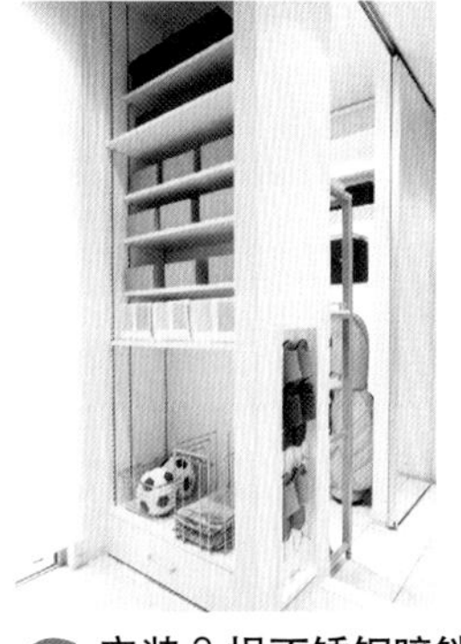

C 安装 3 根不锈钢暗销支架，大小物品都能灵活收纳

为了设置两种不同进深的收纳架，可以在墙上安装3根不锈钢暗销支架。进深浅的正好用作鞋柜。它的高度也可以自由调整，能存放野营用具等大型物品。

D 日常外出的衣服可以挂在这里

在这里挂一些出门时穿的衣服，比如冬天穿的大衣等。这里正好位于通往玄关的动线上，所以不必专门去自己的房间拿衣服。购物篮或散步时的用品也可以放在这里。

E 后门在遛狗时很方便

在一进后门的位置，设了一个给宠物洗澡的台子。遛狗回来后，先给狗狗洗洗脚，然后再放它进屋。遛狗用的绳子和犬用香波等，也都一并放在这里。

F 室外活动时用的拖鞋也可以放在这里

打扫庭院时穿的拖鞋可以放在这个位置。从这里可以直接走到院子里，所以这里的动线效率很好。斜着放拖鞋的话，进深20cm就够了。

G 从外面回家后，先在这里洗手

从外面回来后，先在这里洗洗手，然后再进来。此处卫浴正门玄关的旁边，客人用起来也方便。设置这么一个小小的洗手池，孩子们也不会脏着小手拿点心吃了。

H 在户外、在玄关内侧两个方向都能使用的收纳柜

在自用玄关和车库之间设一个收纳柜，车里拿下来的高尔夫球用品及各种用具就能立刻放好。下雨的时候，可以把买来的东西先放在这里，然后从玄关方向过来收拾，很轻松吧。

I 从家里通向院子的途中，有好几扇门

近处的这扇门是储藏间的门，从自用玄关的方向也能使用储藏室。第二扇门是采光窗。第三扇是遛狗或庭院栽植等使用的后门。第四扇是垃圾场的门。最远处就是MAMA’sDeck。

下了车，立刻就是后门、自用玄关。将下车后的动线与家中的动线连为一体，产生出众的减压效果！

日常生活中，有很多人在外出购物时使用私家车。广岛的案例分析住宅考虑到他们的需求，采用了内置式车库。先来看看这里的玄关吧。

广岛生活的一个特点，就是家里的客人络绎不绝。因此在设计的时候，我们把正门玄关设置得较宽。在正门玄关与车库之间设有自用玄关，为了让住户从两个玄关都能自由出入车库，还各设置了一扇门。家庭主妇购物归来，可以从车库后门直接前往厨房，不必绕路。全家人驾车出游的时候，回家后能从自用玄关进家门。下雨时的上下车也很方便，衣服不会被雨打湿。

走进正门玄关，中庭、餐厅以及更远处都能尽收眼底，让人心情舒畅。外面的风也能随时吹进来，让你尽享自然之美。

从正门玄关走进自用玄关，左手边就是一个有一定容积的收纳空间。大件物品也可以暂时存放，非常实用。

要把住户从汽车生活中的压力中解放出来，就要考虑从下车到家中的动线，以及接下来的动线。任何时候都要保证通常的动线，这是非常重要的。

方便住户的内置式车库

如果住户每天都要开车，那么认真规划上下车的动线，对打造舒适的家庭生活是绝不可少的。采用住家与车库一体化的内置式车库，就不用再为淋雨而烦恼。要保证从车库到家中的动线顺畅简洁，也需要对房间布局加以思考。

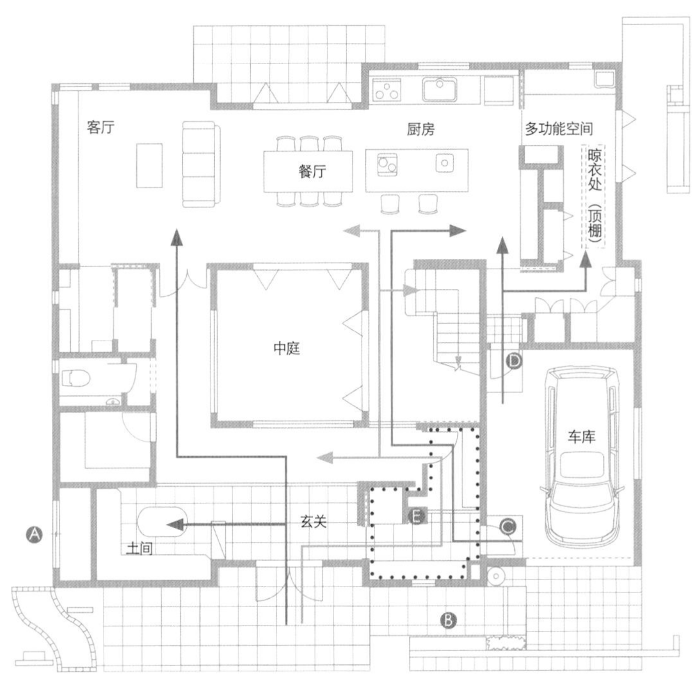

保持车库到家中动线的顺畅

■回家之后，从正门玄关走进自用玄关，然后再到厨房或自己的房间。即使孩子回家后直接进自己的房间，妈妈站在厨房也能看见；■来客从正门玄关进入，然后到左侧土间或去客厅；■从后门进来，经过多功能空间来到厨房，也可以直接进厨房。从车库也能直接走进自用玄关。

A 可以从室外存取的防灾用品仓库

如果不把防灾用品存放在可从室外取出的地方，在发生意外的时候，就有可能无法进屋取出。即使用地面积有限，最好也要在房子外墙上设一个凹槽，制作一个能从室外存取物品的收纳空间。

B 在哪里使用，就在哪里存放

清扫玄关的用具应放置在玄关附近。因此这里利用外侧围墙，设了一个存放清洁用品的位置。每次干活都要从室内取用具的话，就很难涌起什么干劲了吧。有了围墙清洁用品收纳，一旦想到要打扫除，立刻就能开始。

C 从车库边上的门直接进玄关

打开车库边上的门，眼前就是自用玄关。再往前就是正门玄关，所以开车去接客人的时候，可以从这个门出去，让客人从正门玄关进来。家里人平常则都走自用玄关。

D 从车库里侧的后面进入厨房

正对后门的是厨房。向右转，则是食品储藏室和多功能空间。购物回家后可以一直走向厨房，沿路将物品放在固定位置，手里不必一直拿着各种东西。

E 自用玄关的鞋箱安放在室内

把鞋箱放在玄关门口的话，要从其他门口出去时就要回来拿，不方便。把鞋箱放在室内，就没这个麻烦了。在鞋箱的对面，可以设一个挂外衣和包的架子。

打造一体化的玄关和餐厅，就能在有限的面积内享受大的空间。玄关与餐厅地板一直相连，更显面积的宽大。

从玄关进来，立刻就是厨房和餐厅，这就是神户案例分析住宅的特征。餐厅的地板一直扩展到玄关，二者合为一个整体。

玄关与餐厅之间有一扇很大的门，上了玄关的台阶，感觉眼前有点像一个大厅，而这扇门就起着玄关与餐厅间的缓冲作用。如果有送邮件和快递的人来，那么把门关上，就不必担心外人窥测到餐厅内部。

因为玄关与餐厅是一整块地板，因此两者都给人很宽敞的感觉。

这个家里的自用玄关约有1.5㎡。虽然不大，但是两侧设有充分的收纳空间，是一处得到了充分利用的高效能空间。

玄关周围的另一大特色，是从车库一直延伸到玄关的屋檐。有人也许会想，这是因为二楼有一个阳台，所以附带着出现了这个大房檐，其实正好相反，因为造了这么一个大房檐，所以二楼才出现了一个很大的阳台。

有了这个屋檐，夏天可以遮阳，雨天则可以不必忙乱，慢悠悠地开伞、收伞。不用说，邻里之间在屋檐下悠闲地聊两句，也是别有味道的。

宽大的屋檐，让住户雨天外出时更加方便

玄关上方，是伸向外侧的二楼阳台，站在玄关的角度，正好是一个宽大的屋檐。屋檐在下雨天很便利。二楼的宽大阳台，就是因为要建这个屋檐才顺带着出现的。不仅是神户，其他的案例分析住宅中，屋檐也都很大。

穿过自用玄关后一分为三的动线

■客人从正门玄关直接前往餐厅或客厅；■家人穿过正门玄关，然后从自用玄关进家。途中在左侧有洗手池。以自用玄关为起点，分别有通向多功能空间、厨房和餐厅的通道，购物归来，可以先去多功能空间或厨房，把买来的东西放好。要上二楼，则须通过多功能空间。

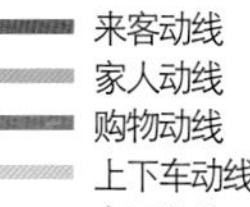

A 把自行车推进玄关来

玄关内外是平的，可以不下三轮车直接进家门。玄关纵深较大，不会给人以压迫感，平常放自行车或三轮车也都不会碍事。

B 鞋柜兼座椅

脱靴子或系鞋带的时候，有个地方坐下来更方便。将鞋柜的一部分改为抽拉式，特别受到老年人的欢迎。

C 自用玄关的收纳应为开放式

自用玄关中的鞋柜原则上应采用开放式。一眼就能找到自己的鞋，收起来也方便。小朋友也能自己管理自己的鞋了。这里的通风条件更好，鞋在这种环境里，也能保持得更好。

D 大容量的收纳柜中存放户外用品

在C的对面，设置一个高达顶棚的大容量收纳柜。除了户外用品之外，其他任何物品也都能存放。为了方便拿取高处的物品，再添置一个带轮子的台子。人站在台子上的时候，轮子会被卡住，足够安全。

E 车库和兴趣间之间的出入口

从车库出来，除了走中庭，或者从屋外绕到玄关进入家里之外，还另有一条路。可以穿过车库里侧的兴趣间的门走进家中。下雨的时候，可以沿着这条动线，一直来到厨房或多功能空间，相当便利。

对客人来往频繁的家庭来说，可以把正门玄关做得宽敞一些，当然自用玄关也就会相应变窄。不过没关系，只要确保过道的宽度就足够了。

在设计的时候，名古屋的这家案例分析住宅的住户希望能在游廊与朋友们喝喝茶，聊聊天，要求我们把露台设计成大家交往沟通的地点。因此我们在邻接客厅的位置，设置了一个很大的露台。主人是一位热情好客的人，自然在住宅上也要体现出来。而玄关和地板都采用 L 的形状，来再多的朋友，也不会显得拥挤。

当然这样一来，自用玄关就显得很狭窄了。感觉就像从车库进家门的那条过道一样，无非是两边多了些收纳架而已。也许有人会认为“都那么窄了，哪还有地方专门做一个自用玄关呢”？说实话，只要有过道的宽度，就足够打造自用玄关了。鞋柜只要有 30 ～ 32cm 的进深就够了，把收纳架斜着设置，也能在有限的空间里使用自如。如果进深不足也不要紧，把斜向收纳架的角度改变一下就行了。

如果自用玄关的空间太小，没法把全家的鞋都放进去，那就把经常穿的鞋放在这里，不太常用的鞋可以放在正门玄关的鞋柜里。

等到孩子们长大成人，独立生活后，自用玄关就不需要了，那时候也不必大动干戈，这里还可以改为为玄关储藏室。怎么样，是很有用处的空间吧？

像一堵墙一样巨大的门，刚好把自用玄关遮挡起来

正门玄关的后面是自用玄关。没有一扇门挡着，客人一眼就能看见自用玄关的收纳空间，所以要在这里安一扇门。门的材料与其他的内门相同，从地面一直到顶棚的推拉门，看起来像一堵墙一样，正门玄关也因此变得清爽整洁。

用门来分隔过道，玄关正厅变得清爽整洁

■客人经正门玄关直接来到客厅；■家人由自用玄关到厨房、客厅和二楼。正门玄关右侧的自用玄关通往客厅的过道上有一扇门，关上门就是独立的玄关正厅；■开车回家后，直接从自用玄关进入家中；■购物归来后，在多功能空间分别放置物品，然后去厨房。

A 墙的凹槽部分收纳体育用品和伞

网球拍等体育用品及伞类的收纳空间，是在自用玄关与正门玄关的户间墙上挖一个凹槽而设置的。只要有20cm左右的进深，小物品和伞就能存放了。挂伞用的管架前低后高，便于拿取。

B 从车库到家里的过道两侧设置收纳架

在自用玄关的门口处设置高达顶棚的收纳柜，用来放置鞋类。还可以在墙的下方设凹槽，充当拖鞋之类的收纳空间。

C 在正门玄关的一角设一个带门的收纳柜

利用正门玄关的凹槽部分设置收纳柜，存放孩子们用的皮球及玩具类。下方还能放三轮车。下方没有设门，是为了孩子们使用方便，以及便于打扫。

C 放球类的地方应开一个小圆洞

收纳球类等容易滚动的物品会比较麻烦。因此我们在收纳架上开了一个圆洞，用作放球的专用位置。如果孩子以后不再踢球，那也用不着把它堵上，在圆洞上放上箱子或木板的话，也不用担心其他东西会掉下来。

D 车库的旁边是自用玄关

下车之后，眼前就是自用玄关，远处连着自家用露台。近处的大窗户是正门玄关的，阳光能充分地照进来，玄关一片光明。

集合住宅也可以另设自用玄关。正门玄关设置从地板延伸到顶棚的大容量收纳柜。

也许读者朋友会认为，在集合住宅中是无法拥有自用玄关的。并不是这样的，我们在韩国首尔做的规划中，集合住宅也带有自用玄关。

据说在韩国，每年有1～2次，亲戚们都会来到一门的长子之家进行祭祖活动。这类活动来客很多，因此必须有自用玄关。这里的自用玄关，是从正门玄关的一侧进去的。

这种玄关的特点，在于设置在正门玄关两侧的大容量的横向收纳柜，这也是韩国住户的意愿。我们特别构思了收纳柜的最上方，在这里需要存放野营及钓鱼用具等大的物品，因此收纳空间是很大的。这里的收纳柜有一扇向上开的门，门后面是一面镜子，所以一打开门后，就知道里面存放了什么物品。

它的对面也是收纳空间。这部分空间也同时具有分隔正门玄关和自用玄关的功能。不用说，无论身在哪个玄关，都能从两个方向分别使用这里的收纳。这样做，既能方便存放客人的外衣，也能在自家人出门的时候，从自用玄关一侧拿取物品。设计的时候，住户希望我们能给他家里塞得满满的物品一个收纳空间，相信他能满足现在的环境。

正门玄关正面的装饰架的门，也可以兼做儿童专用客厅的门

正门玄关的正面有一个装饰架，它的门是推拉式的，可以与对面的儿童专用客厅的门兼用。儿童专用客厅的门完全打开的时候，装饰架就完全被遮住。门关上的时候，则可以把旅游带回来的礼品装饰在上面，也可以放上一些季节性饰物，是享受生活的好地方。

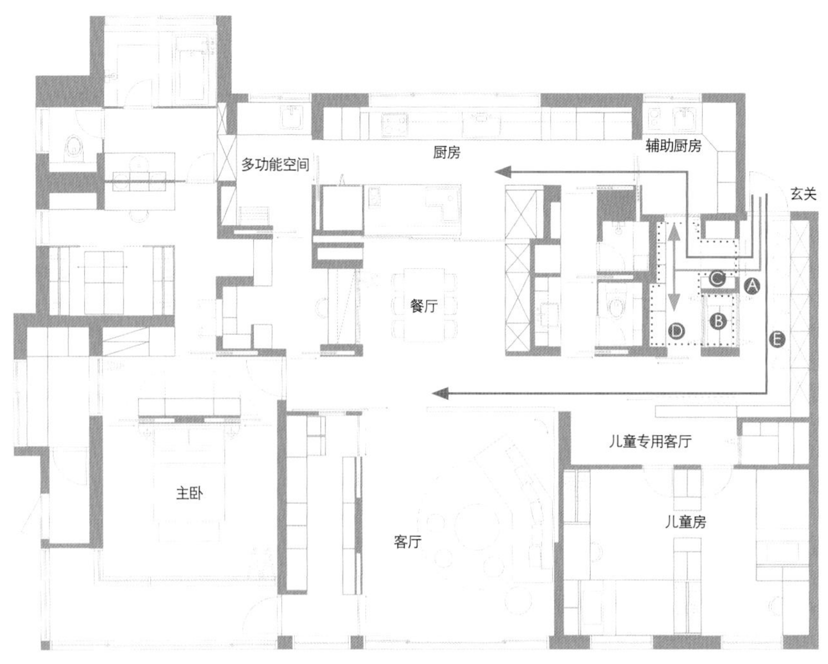

以自用玄关为起点，有两个方向的动线

进门的地方是正门玄关，右手边是自用玄关。■客人直接来到客厅；■家人由自用玄关进入，从儿童房门口经过，到客厅。或者经由辅助厨房来到厨房；■购物归来后，经由辅助厨房来到厨房。

来客动线
家人动线
购物动线
自用玄关

A 大量来客时使用木条台板

刚进门的地方没有木地板装修，客人不可能站在地面上换鞋。如果使用木条台板，大量客人们就可以同时换鞋了。即使来客很多，也能让他们顺利地进家门。不需要使用木条台板时，可以存放在旁边的收纳柜上。把物品放在使用位置的旁边，才能在需要时立刻拿出来。哪里使用，哪里存放，这是收纳的基本原则。

B 从两侧都可以使用的多目的收纳空间

在墙的中央位置安装不锈钢暗销支架，在上面搭上搁板。收纳时可根据物品的大小和形状，自由地改变搁板的位置。搁板的规格都一样，尺寸不够时可以用几个搁板来组合使用。这是一个简单而又功能强大的收纳空间。

C 拖鞋、伞、纸袋都放在这里

走进自用玄关，左手边就是能收纳伞架、拖鞋撑子的一体化收纳空间。韩国住户要求在玄关存放纸袋，因此我们设置了纸袋和伞的固定收纳位置。

D 过道的墙上是鞋架

沿着过道，是占满整个墙面的鞋柜。照片中远处的鞋柜，其背面就是浴室，所以进深只有20cm，用来放孩子的鞋。孩子长大后鞋码变大，也可以斜着放。

E 从最上方的收纳柜取物品时，可以踩在台子上

如果收纳柜分得太细，有些东西放不进去，就会白白浪费空间。为了解决这个问题，我们在正门玄关的顶部设置了横向的大收纳空间。它的下方有一个站立用的台子，在上方收纳空间存取物品的时候可以踩在上面。

Kitchen & Dining
（厨房和餐厅）

家人之间沟通交流，加深感情的场所

从早到晚，家人齐聚一堂，共同进餐的地方，就是餐厅。在同一个空间里，吃着同一样的饭菜，就会自然而然地进行各种对话，也会不知不觉地说出心里话“今天的饭真好吃”，或者“我不喜欢吃香菇”，等等。即使默默地吃饭，也会从吃饭的态度、速度看出家人今天是不是过得开心。全家人在餐厅一起吃饭，各种信息就会交汇在一起，人与人之间的感情也在美食中不断加深。

也不仅限于家里人。和造访的客人一起吃顿饭，感情好像一下子就会近了很多。要是一起做做饭，就更不用说了。还有一点，一说大家就会明白：厨房里也是各种私密信息的披露场所。大家都能经常进进厨房的话，我相信是一个加深感情的好办法。正因如此，就更需要有一个使用方便的厨房，让我来告诉大家我秘藏的技巧吧。

把门关上，厨房就由开放型变为封闭型

神户的案例分析住宅中，厨房原则上采用开放型、面对面方式，但是从右手边把门拉上，就成了一间封闭型厨房。想避开客人视线的话，几秒钟就能做得到。

妈妈才是一家的指挥官。妈妈所在的厨房，应该处在能一览全家的位置上

厨房有各种类型，独立型、开放型，还有长列型、面对面型等。选择何种类型的厨房，是让人头疼的地方。各种类型当然各有优点和缺点，但是从强化家人感情的角度，我坚决推荐开放型厨房。采用开放型厨房，孩子来帮厨，爸爸偶尔卖弄厨艺，家人都会看在眼里。而与餐厅连为一体的开放型厨房，更是家人共同参与家务活的绝好舞台。客人们也会有进来帮忙的心情，真正体现了“开放”的意义。

而我向大家推荐开放型厨房，还有一个重要理由：主妇在厨房做饭，同时还能了解家中的情况。主妇是一家真正的指挥官，站在厨房，放眼全家。孩子们能感受到关注的目光，也会更安心。所以说，站在厨房里能看到什么，是一个很重要的因素。

当然，开放型厨房也有缺点：厨房里的杂物容易掉出去，饭菜的油烟也会进入室内，等等。不用担心，这些缺点，是可以通过安装门来解决的。

厨房的后方是多功能空间和食品储藏室。几乎所有的家务劳动都能在这个空间里解决!

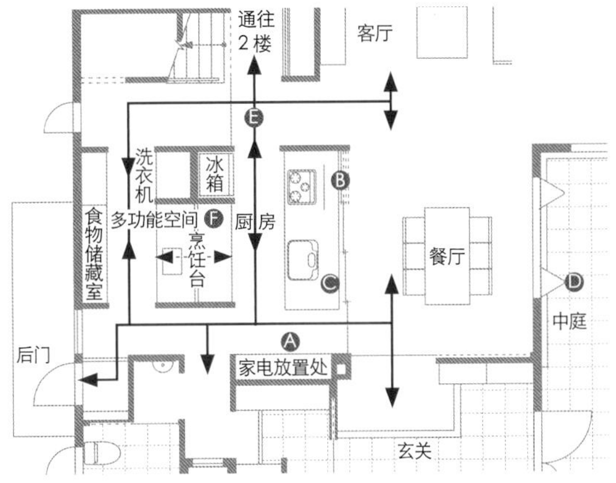

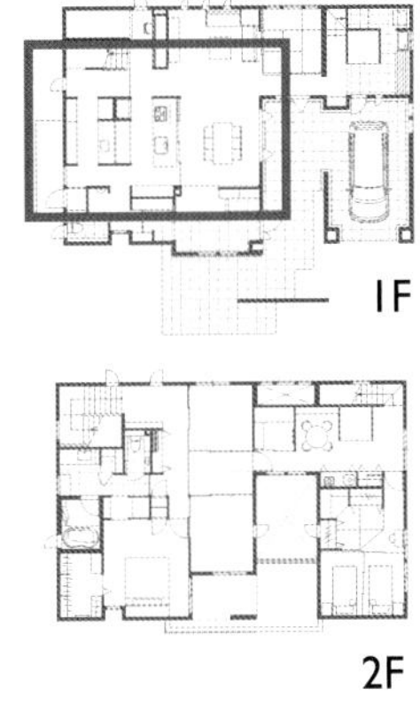

站在厨房，能环顾家中

身居厨房，不但能看到餐厅和客厅，还能远望到中庭和玄关，这就是神户的案例分析住宅中的厨房。厨房的后面有多功能空间，在房间的这一角几乎就能完成所有的家务。要招待大量客人的时候，多功能空间还能当作备用厨房使用。能在两个厨房之间绕着走动，在动线上也很轻松。

通过环形动线连接厨房和多功能空间。不必走回头路，做事很顺畅。

A 厨房电器放在厨房与餐厅之间

咖啡壶、电饭煲等家电放在厨房和餐厅都够得着的地方才方便。采用这种方式，上菜盛饭的时候，厨房里就不会出现人撞人的情况了。

B 不想让别人看的时候，可以把门关上

烹饪台上堆了不少垃圾，或者家里来了客人，在不想让外面看到厨房里面的时候，可以把门关上。平常可以把这扇门放在微波炉前面，能防止油污飞溅到上面。

C 能放餐具的烹饪台用起来更方便

可以把来客用的餐具放在烹饪台下的抽屉里。抽屉面向餐厅，取的时候不必走进厨房。在这里准备餐具，既不必干扰客人，也不会影响厨房的工作。

D 如果来客很多，则可以把饭桌摆在中庭

客人很多，餐厅里坐不下的时候，可以在中庭铺上地板，在上面摆桌子。桌子是与兴趣间里的桌子兼用的，所以不用专门占用收纳空间。

E 从厨房里，还能看到学习空间的情形

在客厅的后面，我们还把学习空间设置在了厨房的旁边。两者之间仅隔着一条过道，母子间沟通起来也很方便。

F 厨房的后门是多功能空间

多功能空间位于厨房后面，还可以用作备用厨房。如果觉得多功能空间不够整洁，可以将卷帘放下来遮挡。

近藤典子
视角

食品储藏室的
要领

无需专用空间

巧妙利用过道和一点间隙空间，照样打造完美的食品储藏室

名字叫做食品储藏室，但这里不仅能存放食品，打年糕的工具、做冰淇淋的用具等，一些很少使用的厨房家什也都可以放在这里。与其在厨房的各个角落塞满东西，不如集中放在一处，更加便于使用和管理。

在 20cm×80cm 搁板的收纳空间里，存放食品或生活类杂货

食品储藏室的面积没有一定之规。如果横宽 90cm，进深 90cm 的话，在收纳上应该如何有效利用呢？我觉得可以将其分为上下两层，上层为 I 型收纳，下层为 L 型。上层放一些很少使用的大锅或做寿司的木桶等大型炊具，而下层的 L 型收纳中，可以存放食品等，这样就能充分利用这块空间了。

如果万一没有类似空间也不要紧。我家里的厨房在二楼，那么我会在上楼梯到厨房的途中，在过道两边设置搁板，这也能当作食品储藏室来使用。

食品储藏室中可存放的东西很多。除了食品之外，生活类杂货、来客用餐具、垃圾桶等，都可以放在这里。我家用的是过道，搁架的进深当然不会太大，我用 100 日元店（相当于中国的 5 元店、10 元店）买来的篮子装东西，隔板宽度就依篮子的规格来做，一般是进深 20cm，宽 80cm。

可以使用餐具架上的袋式不锈钢搁架来存放调味品。食品存放的位置太靠里，就很容易因为难以看到而导致过期，如果使用袋式搁架，自然能一目了然。至于里侧的位置，可以放来客用或偶尔使用的餐具。

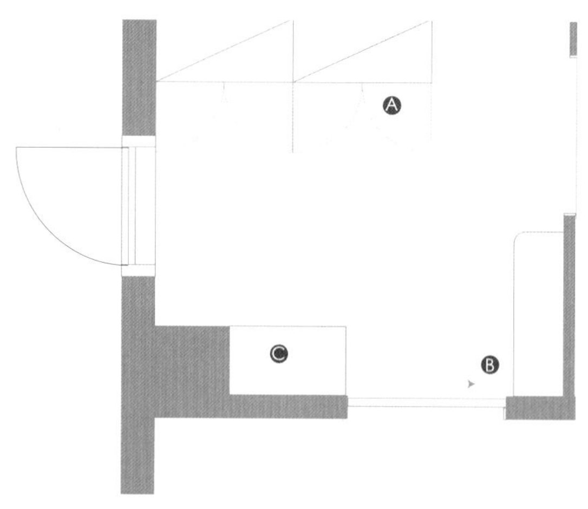

B 干燥类食品放在带盖子的容器里

干燥类食品放在有盖容器中，容器可在100日元店里买到。选用同样设计的容器，看起来会更舒服，使用透明容器，能看到里面放了什么东西。

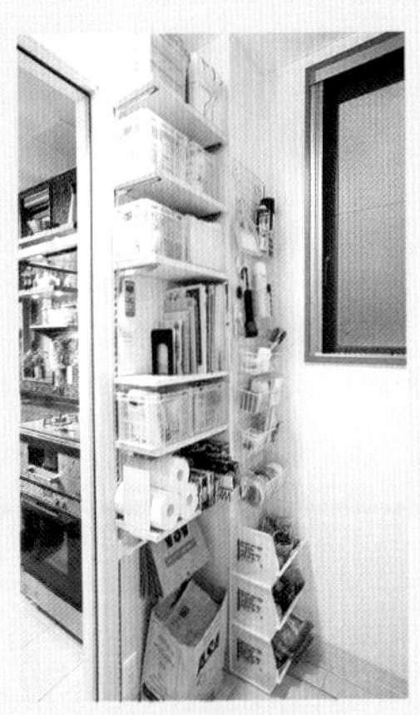

C 生活类杂货要集中放在别的搁架里

厨房用吸油纸及保鲜膜等生活类杂货应放在同一位置。每类商品都集中在纸箱里，固定在一处的话，找起来也容易。另外，烹饪书籍和旧报纸也应该有一个固定的存放位置。

A 在餐具前面的口袋里放调味料

在餐具架前面的位置安装袋式不锈钢搁架，在它后方存放平常不用的餐具，而前面放调味料。深度较大的搁架采用这种存放方式，看得清楚，用得明白。

同一间厨房，既可以采用开放型、独立型，还可以是岛型、吧台型。风格的灵活变化，是这里的优势。

如果同一件厨房能够变化出不同的风格，那该有多好。而在横滨的案例分析住宅中，就实现了这样的方案。

平常是开放型厨房，而厨房吧台的一部分是一台箱型推车组成的，只要挪动推车，立刻就变成岛型厨房了。家里来客很多，厨房里人来人往的时候，从左边进来的人可以从右边出去，而从右边进来的人则可以从左边出去，厨房里就不会聚集太多的人，行动自如，大家都能享受美食和烹饪的乐趣。

打开推车的顶盖，里面是一台电磁炉。只要有电源，在哪里都能烹制菜肴。

在走廊的吧台下还有一张折叠桌。吃早饭的时候，可以把桌子拿出来，一边跟孩子们聊天，一边做早饭。如果从右边的窗套中拉出门来，可以封闭住烹饪台前方的空间，又变成独立型厨房了。

同一间厨房有 3 种甚至 4 种风格变换的版本，真算得上是“贪心型厨房”了。

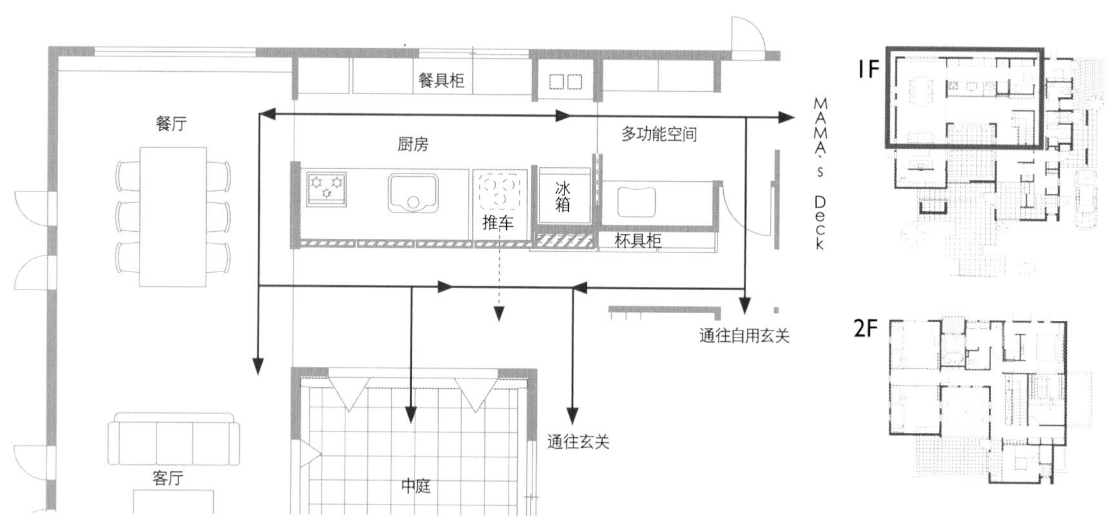

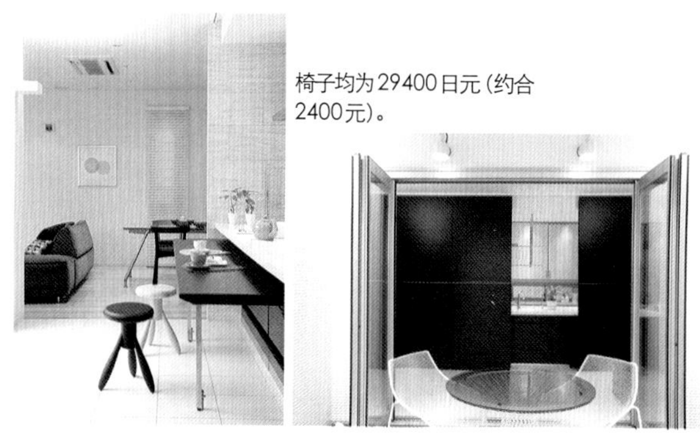

椅子均为29400日元（约合2400元）。

要么搭起厨房吧台，要么关上门，就是独立型厨房

(左侧)将烹饪台侧面的折叠桌撑起来，就成了厨房吧台。在繁忙的早晨，可以一边和孩子们说话，一边准备早餐。客人很多的时候，这部分还能作为冷餐吧台而使用。
(右侧)如果从右边的窗套中拉出门来，开放型厨房就能变成独立型，避免客人看到厨房内部。

桌子(HEAVEN 493)，约合1.2万元人民币，椅子（HEAVEN 485），各约合4000元人民币。均为ASPLUND出品。

A 厨房的前方是中庭，吹来一阵清风。B 中庭可以作为另一个厨房。天气好的时候，在中庭吃顿午餐吧。中庭也设有电源，把移动烹饪设备拿到这里，做一份热腾腾的干酪火锅或法式薄饼，美味又时尚。C 餐厅和客厅是连为一体的大空间。D 从厨房出来，穿过多功能空间前往MAMA' s Deck，做家务都在一条动线上。E 厨房前面的过道通往餐厅和客厅。从外面回家后，大家都走这条路，都要跟在家的主妇打照面。站在厨房，还能透过中庭看见玄关的情形，来客或送快递的人都不会被忽略。

正因为来客多，更需要保证家里的私密空间——厨房、餐厅。厨房采用面对面型，确保顺畅的动线。

为了能和邻居朋友们在游廊轻松地喝喝茶，住户希望能给亲友们提供一个随意放松的地方，因此提出设置一个邻接客厅的大露台。名古屋的这幢案例分析住宅，的确体现了一个善待友邻的环境。话虽如此，家人的生活空间当然不能因此受到影响。

厨房和餐厅就是这种地方。两者都深处住宅内部，具有私密空间的特征。布局上是这样的：厨房为面对面型结构，从这里出发，可以经过多功能空间和食品储藏室前往餐厅，也可以穿过后门从露台到餐厅，形成一个环绕型的动线。在布局上把必要的功能都汇集在这里，非常便利。

客人能在蓝天之下享受午后茶的时光，那么家人呢？其实，紧邻餐厅的自家用露台，就是专为家人准备的。

为了避免厨房和餐厅的情况被身在客厅的人看到，我们在中间部分设了楼梯，正好挡住客人的视线。

不过这并不意味着自家人看不到家里的动态了。走出自用玄关，就到了厨房的边上。站在厨房里，丈夫、孩子何时回来，也都了如指掌。

正因为客人来往频繁，才更要珍视家人共享的时光。这，就是名古屋的案例分析住宅。

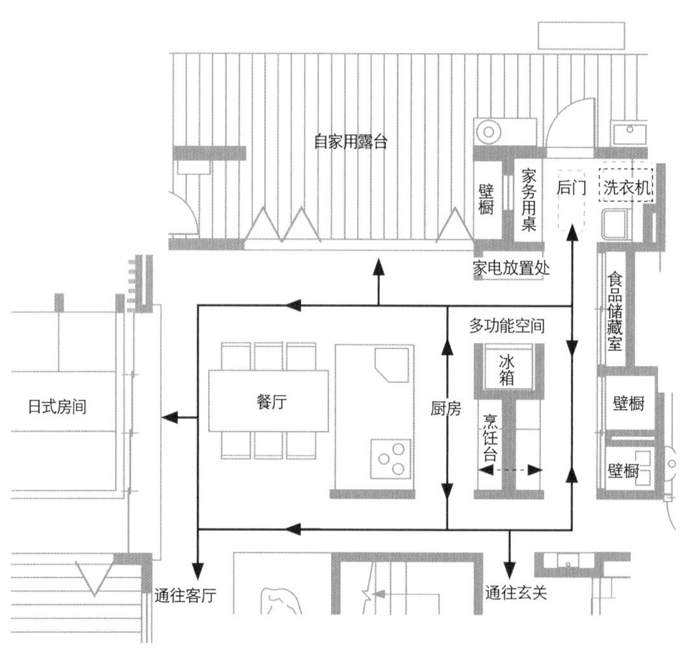

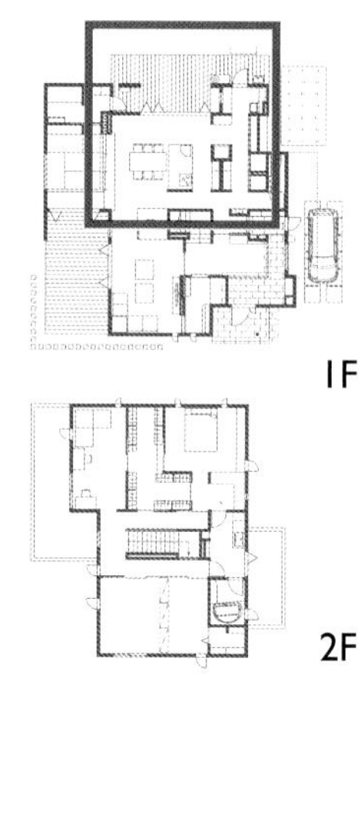

请最亲近的朋友到日式房间来。拉上隔扇，就是一个封闭空间

在客厅和餐厅之间设有楼梯，正好维持两者之间恰如其分的距离感。同时，客厅也跟两者相连，形成一个舒适的开敞空间。日式房间中设有隔扇，只要把隔扇关上，日式房间就成了一个封闭的单间，可以让远途造访的客人在这里过夜。

A 从厨房到餐厅，再到日式房间，是一个连续的、具有开放感的空间。因为有楼梯，从厨房看不到客厅，但另一侧的露台一样能给厨房带来明亮、宽阔的感觉。B 餐厅的尽头是自家用露台，全家人可以在这里享用气氛开阔的一餐。C 厨房的后面是多功能空间和食品储藏室。冰箱和家电类都放置在这里，因此不必走进厨房，也能从冰箱里拿饮料，或者给自己煮一杯咖啡。出了左手边的门，就是放垃圾的地方。D 自家用露台的架子上，是BBQ（烧烤）用品的专柜。露台还是一个用来准备饭餐的地方。

烹饪台面对墙壁，是个说悄悄话的好地方。餐厅与厨房在一条直线上，活动方便，还是一个观赏景色的绝好位置。

在广岛的案例分析住宅中，厨房与餐厅位于同一条线上。在这里，我们把水池、灶台都朝向厨房的墙，同时设置了一个岛型的辅助吧台，这就形成了内部呈两列的厨房。烹饪台面对墙壁，泼出来的水、溅出来的油也都容易收拾。另一个好处就是两个人都面对着墙做饭，说悄悄话就方便了。孩子可以一边给妈妈打下手，一边说一些正襟危坐时难以出口的话。想想看，是不是这样？

当然，做饭的时候总觉得背后有人盯着，也不是个事儿。因此对于从客厅一直延续过来的墙，避免采用直线方式，而是加一个拐角，客厅的视线就不能直接进入厨房了。

围着饭桌吃饭的时候，如果看见厨房里乱七八糟，总是不太舒服。但如果视野朝向是中庭或户外，厨房就不会被注意到，大家能一边赏景，一边享受美食。

把餐具柜和食品储藏柜背靠背地设置，并用它来分隔厨房与后面的储藏室和多功能空间。餐具柜面向餐厅，饭前谁都能很轻松地帮着摆放餐具。

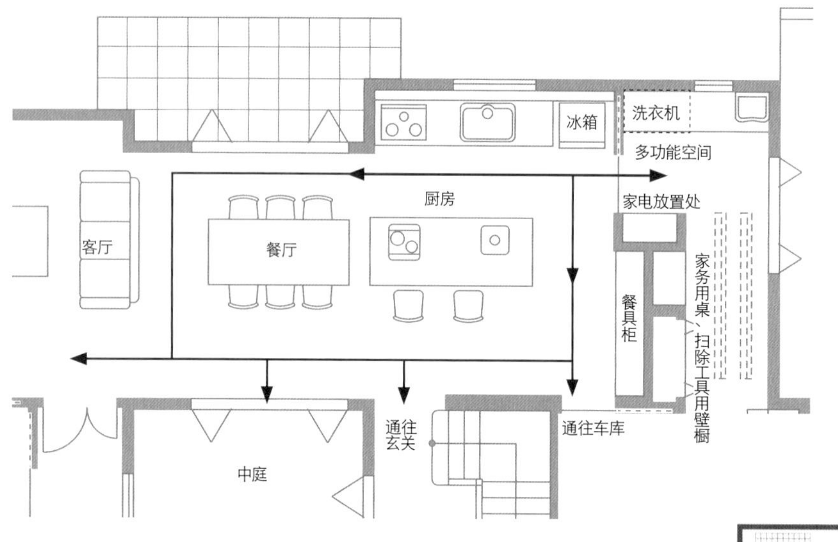

简洁的动线，让家务劳动变得轻松

从多功能空间到餐厅是一条直线，从车库走也是一条直线。简洁的动线能让日常的家务劳动做起来更顺畅。主妇身在厨房，不但能看到客厅的情况，玄关也能收入眼底，便于掌握家人的动态。而其他人无须进厨房，就能使用餐具柜，帮忙摆放餐桌也容易。有了一间便于活动的厨房，一家老小会不会更愿意进来打下手呢？厨房设计得好，也能增进家人的感情。

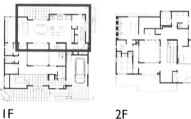

1F　2F

A 在餐厅和厨房的墙上加一个拐角，做饭时就不必担心被别人看到，能安下心来做事。B 站在厨房，却能够看到客厅。即使正在做饭，也能随时回应家人的要求。把餐厅的吊灯改为移动式，还能让餐厅具有更多的使用方式。C 打开中庭的窗户，眼前出现一片宽阔的空间。风和日丽的日子，全家人不妨选择在这里用餐。另外，如果家里要招待很多客人，也可以把中庭当作第二餐厅。D 岛型辅助吧台的下面是垃圾桶。确保扔垃圾的地方，重要性当然不言而喻。E 身在厨房，无论家人从自用玄关进来，还是上楼梯，都能看在眼里。

在这个集合式住宅里，厨房和餐厅设置在房间中央，尽量简化生活动线，给日常生活减压

收纳空间的基本原则是“物尽其用、规模适当”。动线设计也要尽量简洁，避免低效率的活动范围。不管是独户住宅也好，集合住宅也罢，都应遵循这个要领。

集合住宅和独户住宅（两层）最大的区别，就是在同样的用地面积上，前者的平面移动距离要更长。

因此，把日常生活中出入次数最多的厨房设在房子的最里侧，动线自然就变得很长，增加使用者的负担。乍看起来这是件微不足道的小事，但如果每天都做这低效率的活动，绝不会给人带来轻松快的心情。

有鉴于此，在韩国的这幢住宅中，厨房被设置在了房间中央。与厨房相邻的客厅有一扇大窗户，使厨房和餐厅都有很充足的采光。

餐具类原则上都放在厨房，但杯子、蛋糕碟、面包碟则放在餐厅。红酒酒柜也设在这里。在清晨的忙碌时刻，以及来客人的时候，能很方便地摆好饭桌。

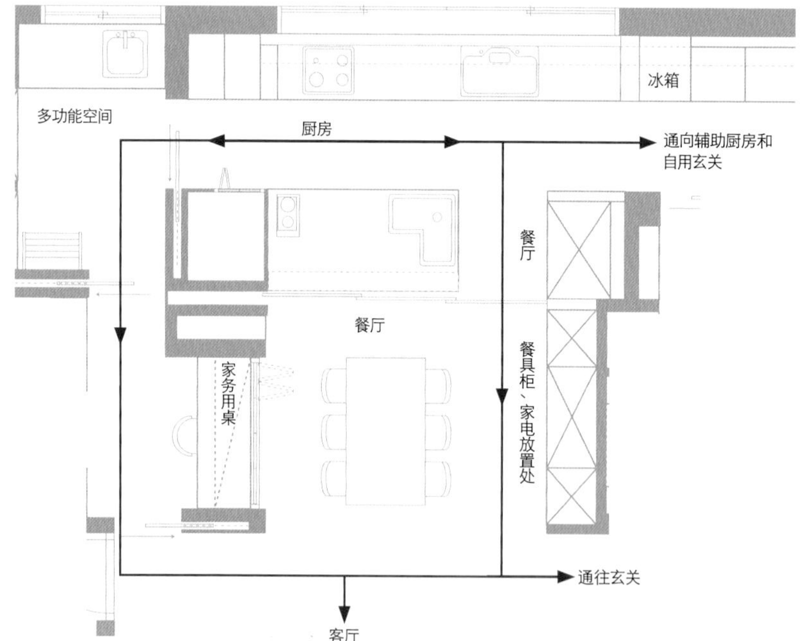

从自用玄关通向厨房

出了自用玄关，穿过辅助厨房，就来到了厨房。辅助厨房是用来腌制泡菜，以及长时间炖煮菜肴的地方。日本人一般不用辅助厨房，可以把它当作食品储藏室等收纳空间。穿过厨房里侧的多功能空间，直接就能进入主卧室。从自用玄关到辅助厨房、厨房、多功能空间、主卧，打造了一条对主妇非常贴心的动线。

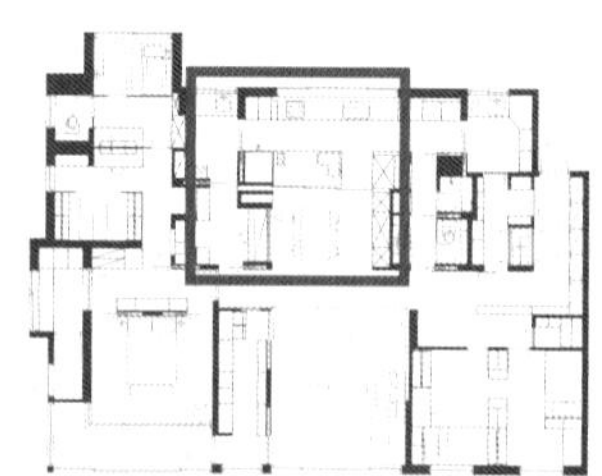

A 餐厅视角下的厨房。厨房内有充分的收纳空间，因此吊柜不必做得太多、太高，设在伸手可及的位置就可以了。同时还能充分发挥窗户的作用。B 上一张图片中餐厅左侧的家务用桌。C 从厨房到多功能空间。一条笔直的动线，使用便利。D 吊柜下方的空间。从左到右分别是厨房用吸油纸的盒子、保鲜膜盒、放厨艺用书和杂志的台子。E 从厨房一侧的窗套上把门拉出来，隔绝外界视线。门是带花纹的玻璃制成的，从外面看也别有风味。F 厨房右边的餐具柜。把聚会用的纸碟子竖起来，放在抽屉的前面。在烹饪台两侧的墙上设置凹槽，用来挂毛巾和锅碗瓢盆。G 吧台橱柜下面放入箱型推车，在招待客人时会派上大用场。

近藤典子视角

厨房设备

保持整洁，使用方便

有用的厨房设备、装了就更方便的设备

厨房是最难于收拾打扫的地方了。有各种各样的小物件，也有经常拿进拿出的用具。可是放着不管，就会让人感到心里不舒服。让我们大家一起来思考如何打造一间便于打扫，使用方便的厨房吧。

基本原则：要考虑哪些东西是常用的，哪些不常用，据此决定收纳位置

也许有人会认为，厨房之所以很难保持整洁，是因为收纳空间太少了。这话也有一定的道理，不过并不是说收纳空间越多越好，重要的是“哪里使用，哪里存放”。

经常用的东西要放在近处，偶尔使用的则放在它的周围，很少用的东西呢，就可以放得再远些，或者放在高处，取的时候要站在台子上的那种位置。按照这个思路去收纳，你会意外地发现，找到各个物品的正确收纳位置并没那么难；根据使用频率进行统计，很多东西并没有你想象的那么常用。

减轻家务劳动负担的另一个办法，是让大家都来帮忙。这也需要确定物品的存放位置。比如说餐具柜，想要把餐具摆在饭桌上，才发现餐具柜在厨房深处，拿起来很不方便，如果把餐具柜位于任何人都能轻易够得着的地方，连客人都会主动上手帮忙呢。在厨房一角另设一个水池，让孩子帮忙洗碗也更容易些。

面对面型的厨房很新潮，但厨房里的垃圾什么的又不愿意被客人看见。那就在厨房的一侧安放一个窗套，需要的时候从里面把门拉出来，就能够藏拙了。同样是那个面对面型的厨房，此时却具有了独立型厨房的优点。

请你认真分析对现状的不满，打造一个完美的厨房。

（家电放置处）

颜色、形状各种各样的家电，集中放在一处

家电放置处是将颜色、形状各异的家电集中放置的地方。不会再被各种颜色迷了眼，厨房变得整洁方便。电热壶和咖啡壶是家人的常用器具，要放在可以随手取用的位置。

（带轮子的推车）

在两处使用的物品，要让它长出“脚”来

像电饭煲这样的，在厨房和餐厅都会使用的东西，要放在带轮子的推车上，搬运起来就方便了。推车当然也不能随手乱放，应该确定一个放置的场所。

（辅助水池）

在多功能空间的辅助水池洗碗

如果客人很多，有一大堆碗筷要洗，那么可以使用多功能空间的辅助水池。设计的时候就把多功能空间设在厨房旁边，在这个时候就体现出先见之明了。烹饪台也能用来临时摆放刚出锅的菜品

（餐具柜）

餐具要放在大家都方便拿取的位置

餐具柜放在餐厅的人也能够得着的地方，家人帮起忙来也容易。客人用的杯子和刀叉之类的，干脆放在厨房外面，厨房里一下子就清爽多了。

（厨房门）

一扇门，能让开放型厨房一瞬间变成独立型

设置在厨房的一角。想关上的时候随时可以关上，开放型厨房马上就变成独立型厨房。多加一扇门，就能一厨二用。

近藤典子的经验和创意，全都凝聚在近藤典子官网之中。请从这里起步，迈出你通往舒适生活的第一步！

谁都想每天过舒适快乐的生活。不过，也许有一天会突然遇到无所适从的情况：“这种时候，该怎么办？”问题解决不了，反倒会成为心理压力的原因。近藤典子官网为你提供一个解决各种问题的新平台，帮你提高每天的“生活力”。

Community
生活论坛

在日常生活中碰到问题，谁都可以方便地发帖，网友们互相帮助，提供各种相关信息和解决方案。有问题，上论坛，希望大家踊跃发言！

Blog
生活中的笑颜

随时向读者介绍近藤典子的近况。工作、个人生活、在哪里吃到了美食等，宠物卷毛犬lei和hula也会经常向大家卖萌的，敬请期待。

Advice
生活百宝箱

除了衣食住行方面的小知识，还有近藤典子独创的各种小窍门，让你的日常生活变得更精彩、更舒适，既有趣又实用。经常来串串门吧，能给你的生活带来更多的参考。

近藤典子之 Home&Life 研究所 官网

www.hli.jp

还设有专门栏目，向那些准备建房的人提供帮助！

“如何安排居室布局，才能提高家务劳动的效率？”“要想消除压力，应该在收纳空间方面下怎样的功夫？”第一次建房的人，总是有很多问题需要解答。针对大家的困惑，在栏目里提供从家居设备的性能到建筑商的选择等一揽子解决方案。

生活学校
“近藤典子生活学院”从2012年秋季开始，开设面向专业人士的课程

在讲授日常生活中的技巧和经验的“近藤典子生活学院”，将设立新班，由近藤典子亲自代课，培养专业的“舒适环境咨询师”。为立志从事本行业的人士，请踊跃报名参加。

Utility（多功能空间）

保证家务劳动顺畅进行的空间

所谓多功能空间，指的是对家务劳动发挥作用的房间。在这里，不但能洗衣服、熨衣服，开展洗涤方面一连串的工作，还能收纳打扫房间的用具，甚至还可以在这里记记账，写写画画。总之，这里是进行家务劳动的地方。

而且多功能空间也不需要多么大的面积，只要具备上述功能，那么即使设在一条过道上也没问题。每个人使用多功能空间的时间带也不同，白天要上班的人，晚上就在这里洗衣服。当然，考虑到厨房是从早到晚都要使用的空间，因此最好把多功能空间设在厨房的旁边。有了这么一块地方，各种与家务有关的物品也会集中到这里，有助于提高生活效率。

收纳熨衣台的空间

在神户的案例分析住宅中，多功能空间与辅助厨房兼用。平常收拾得很整洁，还能同时当作过道来使用。熨衣台呈纵向的框形，里面刚好能装进一个垃圾桶。把熨衣台拉开，就是右边照片里的状态。

只需一块收能纳所有家务劳动必需品的地方就够了

大家在打扫除的时候，有没有这样的经历：想要吸尘，吸尘器在客厅附近的壁橱里；想清洁地面，水桶和抹布却在盥洗室；要想熨衣服，却半天找不到熨斗……每次做家务都要从不同的地方取东西，收拾的时候还要一个个地放回去，让人头晕眼花。要根本解决这个问题，还是应该把做家务的用具集中收纳在一个地方。多功能空间兼洗衣房就具有这一功能。天下雨的时候，还能把外面收回来的衣服挂在这里。

虽然具有强大的功能，但多功能空间并不一定需要很大的面积。只要在过道的两侧设置存放这些用具的柜子或架子，这也是一个如假包换的多功能空间。比方说可以在这里设一张折叠桌，在没人经过的时候，就可以把桌子撑起来熨衣服。

如果有足够的空间，那么可以修一个能放进水桶的水槽（污水槽），不但能洗抹布，还能洗鞋，或者浸泡衣服上的污点。

再加上自用玄关和车库在一条动线上，全体设计就非常高效，家务劳动也自然能事半功倍。

厨房后面是辅助厨房兼多功能空间。操作台为岛型，可以自由地沿着环形动线行动，不必走回头路

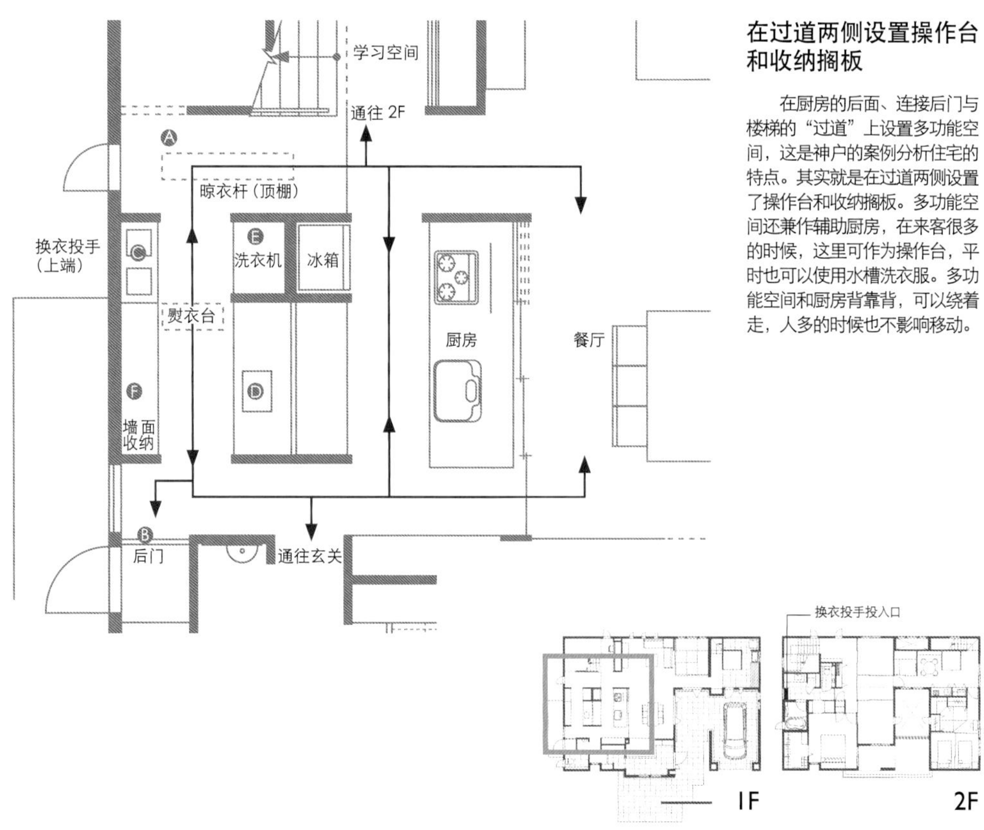

在过道两侧设置操作台和收纳搁板

在厨房的后面、连接后门与楼梯的“过道”上设置多功能空间，这是神户的案例分析住宅的特点。其实就是在过道两侧设置了操作台和收纳搁板。多功能空间还兼作辅助厨房，在来客很多的时候，这里可作为操作台，平时也可以使用水槽洗衣服。多功能空间和厨房背靠背，可以绕着走，人多的时候也不影响移动。

把做家务所需物品紧凑地存放好

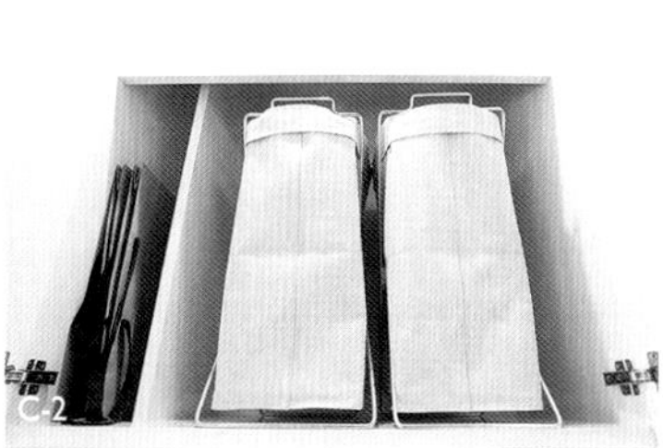

A 走廊里的晾衣杆在雨天发挥作用

在多功能空间与楼梯连接的地方设置晾衣空间。平常收在顶棚中，使用时用手拉下来。在晾衣服的时候，可以把楼梯下方的客厅衣帽间的门拉上，不让客人看到。

B 在后门存放清扫用品和留言板

后门常备打扫户外用的笤帚和抹布，看到外面脏了，随时都能打扫。收纳柜的上方安装一块小黑板，可以写通知、贴资料。

C-1 放抹布的地方使用带通风孔的门（下端）

在这里放置多功能空间用的清扫用品。使用带通风孔的门，可以保证通风，下次使用时抹布还能保持干燥。在左侧常备一把折叠椅，方便清理低处的物品。

C-2 使用换衣投手，脏衣服就能自动落到楼下来

换衣投手是二楼等高处设置的纵向管道，把换下来的衣服扔进去，直接就能滑落到一楼多功能空间里的脏衣服篮里，洗衣服前就不必专门上二楼去取了。脏衣篮有两个，一个放白色衣服，一个放带色衣服。

D 卷帘分隔多功能空间与厨房的界限

洗衣服的时候，或者堆积了很多脏衣服的时候，谁都不想让外人看见。此时可以放下卷帘来遮挡。没有专门的卷帘也不要紧，找一张能遮住门窗下半部的半截帘也够用了。

E 洗衣用品放在架子上

洗衣机上方的架子上存放洗衣用品。衣架放在一个个小隔板里，取放都方便。洗衣粉、漂白粉也都放在这里。

F-1 不要忘了设置电源

熨衣服也好，叠衣服也好，都能在多功能空间处理。只是别忘了设置电源。此外手提吸尘器也要在这里充电，同样需要电源。

F-2 把熨衣台设计成收纳柜的一部分

呈 L 形、包住垃圾桶的部分，其实是熨衣台。握住把手向外拉，能拉到 90°。喷雾器等熨衣服用的器具也都放在这里。哪里使用，哪里存放，这个原则不能忘记。

房间布局要点

厨房旁边就是多功能空间。家务动线在一条直线上，能提高家务劳动效率

在横滨的案例分析住宅中，多功能空间与厨房在一条直线上。两者连在一起，主妇就可以一边用锅炖煮东西，一边熨衣服了——随时都能去调整火的大小。

厨房旁边，是一个深度足够放入一个水桶的水槽。水槽既能洗抹布、运动鞋，也可以预洗一些衣物，还能作为厨房的辅助水池而发挥作用。

室内晾衣杆也设在这里。晾衣杆是两段的，能晾晒很多衣服。熨衣服时也有助于除湿气。

另外，家人从自用玄关进来，穿过后院后能直走到这里。途中可以把买来的狗粮或卫生纸放下，在固定位置存放。一路走来，手里的东西越来越少，显然很方便。

多功能空间还邻接着 MAMA' s Deck。做家务的间隙，可以到这里喝杯咖啡，与邻居的大姐小妹聊聊天，其乐融融。多功能空间其实算得上是家庭主妇上班的地方，有这么多贴心的设计，保证你高高兴兴上班去，多好啊。

忙累了喘口气，在 MAMA' s Deck 喝杯咖啡吧

多功能空间邻接着 MAMA' s Deck，邻居们相熟之后，不必走玄关，可以直接从这里进来。正好也忙了半天了，和姐妹们一起放松放松。MAMA' s Deck还是促进沟通交流的好去处呢。

椅子(IVY581直背餐椅)约合2400元人民币/均为ASPLUND出品。

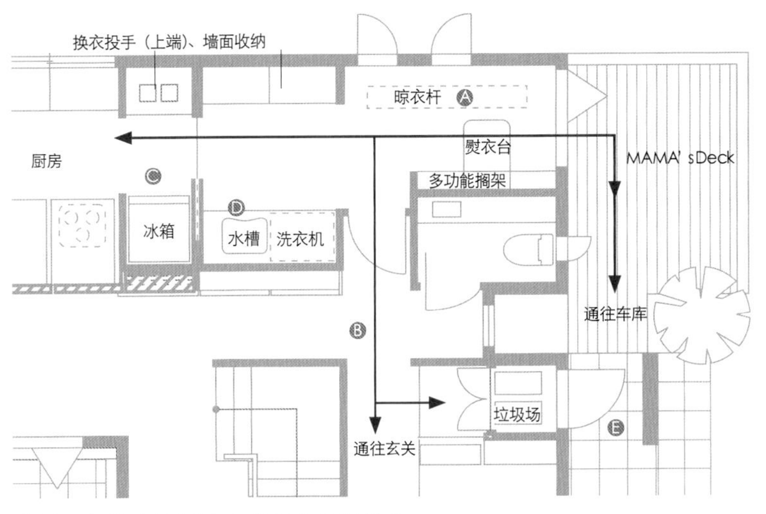

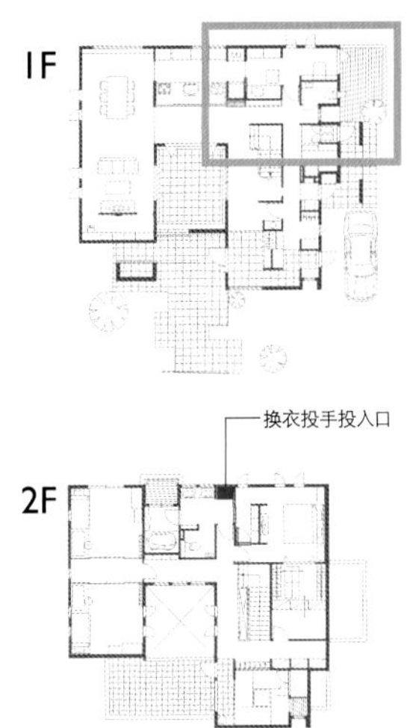

确保一条能直接通往玄关和车库的动线

多功能空间与厨房相邻，家务动线是一条直线。从自用玄关进家门，穿过后院到多功能空间，也是一条直线。此外，从MAMA' s Deck也能前往车库等方向上，动线的设计也充分保证了家务的顺畅开展。

A 收纳柜的门倒下来就是熨衣台

把收纳柜的门拉向自己的方向，就成了一个熨衣台。柜子里放着熨斗、喷雾器和垫子等所有熨衣服的必备工具。只要把门拉下来，立刻就能开始工作。

B 从自用玄关到多功能空间都在一条直线上

多功能空间和自用玄关之间是一条直线，途中经过存放狗粮和卫生纸的后院。还留有位置存放旧报纸和旧杂志。

C 从厨房也能直接走到露台

从厨房出发，穿过多功能空间，就来到了MAMA' s Deck。中间是一条直线，所以邻居突然造访时，即使正在厨房忙碌，也能立刻知道。

D 在水槽上安一根横杆

在水槽上方设一根横杆，就能在洗完抹布或笤帚之后挂在上面晾干了。再在上面挂几个S形的弯钩，刷子之类的也能挂在上面。

E 方便乘车购物

出了MAMA' s Deck，立刻就是车库。开车购物归来，可以从MAMA' s Deck走进家门。邻居也可以从车库前经过，去往MAMA' s Deck。

夹在厨房和食品储藏室之间的多功能空间。洗衣房设在后门附近，晾衣服的动线也很省心

与神户的案例分析住宅一样，名古屋的住宅也是在厨房后面设置了多功能空间。

此处的多功能空间有一个特点，是夹在厨房和食品储藏室之间，还附带有洗衣房和收纳空间。穿过家电放置处和冰箱之间的空间，就是食品储藏室，做饭时拿取东西很方便。

之所以把洗衣房设在后门附近，是为了方便晾晒衣服。洗衣服和晾衣场所之间的距离越近，做家务时也就越轻松。室内晾衣处也设在洗衣房。

出了后门，正面就是垃圾场。现在排放垃圾的标准越来越严格，种类也分得很细，需要更多的垃圾桶，因此在户外设置了专用的垃圾场。虽说设在户外，但顶部、侧面、背面等四个方向都是封闭的，不必担心下雨。在动线安排上也考虑了距离因素，不会增加使用者的负担。

垃圾场设在多功能空间的旁边

走过多功能空间，外面就是垃圾场。垃圾场离厨房很近，从存放清扫用具的多功能空间更可以直线到达。门口的操作台，也可以作为辅助厨房而大显身手。

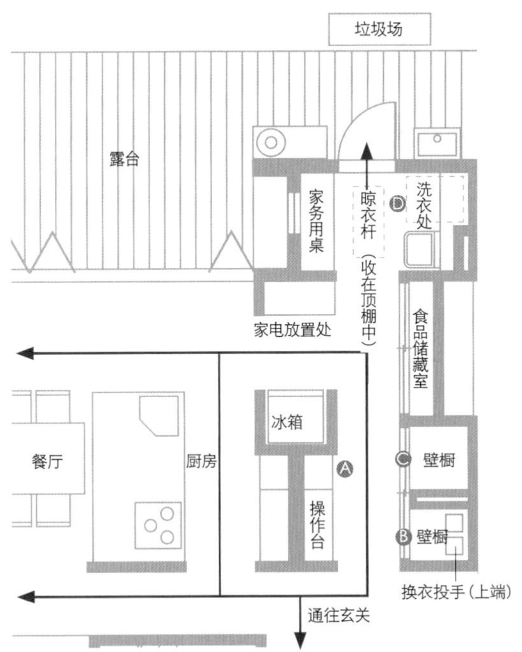

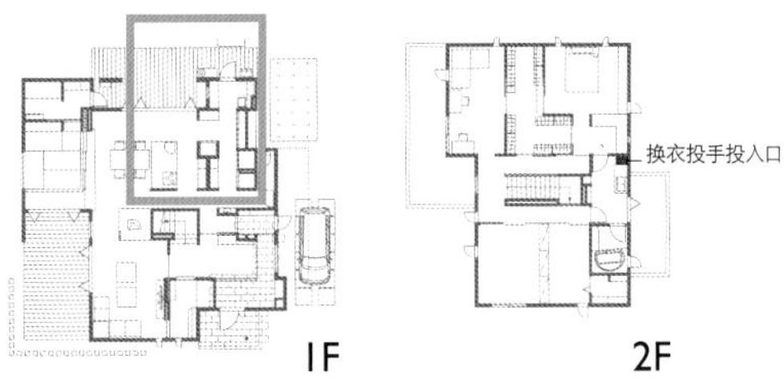

通向后门的过道变身为多功能空间

存放扫除用具的收纳空间、食品储藏室、洗衣处，或者多功能空间、食品储藏室连为一体，一直延续到后门。就像是利用通往后门的过道，又设了一个多功能空间一样。多功能空间的旁边是自用玄关，购物归来后，立刻就能把买来的东西放到指定位置上。

A 通过卷帘来分隔

宾客盈门之际，多功能空间的操作台可以用作辅助厨房，为做饭打下手。如果不想让人看到里面，只要把卷帘放下来就可以了。

B Ⅰ型收纳：把搁板分成前后两层

搁板的宽度为壁橱进深的一半。改变搁板的前后位置，里面放高度较大、平常不用的物品，前面放经常使用的用品。在这里，还在最高处设置了换衣投手的篮子。

C 经常出入的收纳空间，应设置为L型

只要望文生义，就能明白L型收纳的形状。优点是存放的物品可以一望而知，存取时也很方便。这里存放的物品，应该是经常使用的。把门打开，伸手可及。

D 后门附近设置洗衣房

洗衣房的位置设计，应考虑晾衣服的场所。设在后门附近，开门就是晾衣处的话，能节省很多动线。熨衣服或叠衣服时可以使用旁边的家务用桌。

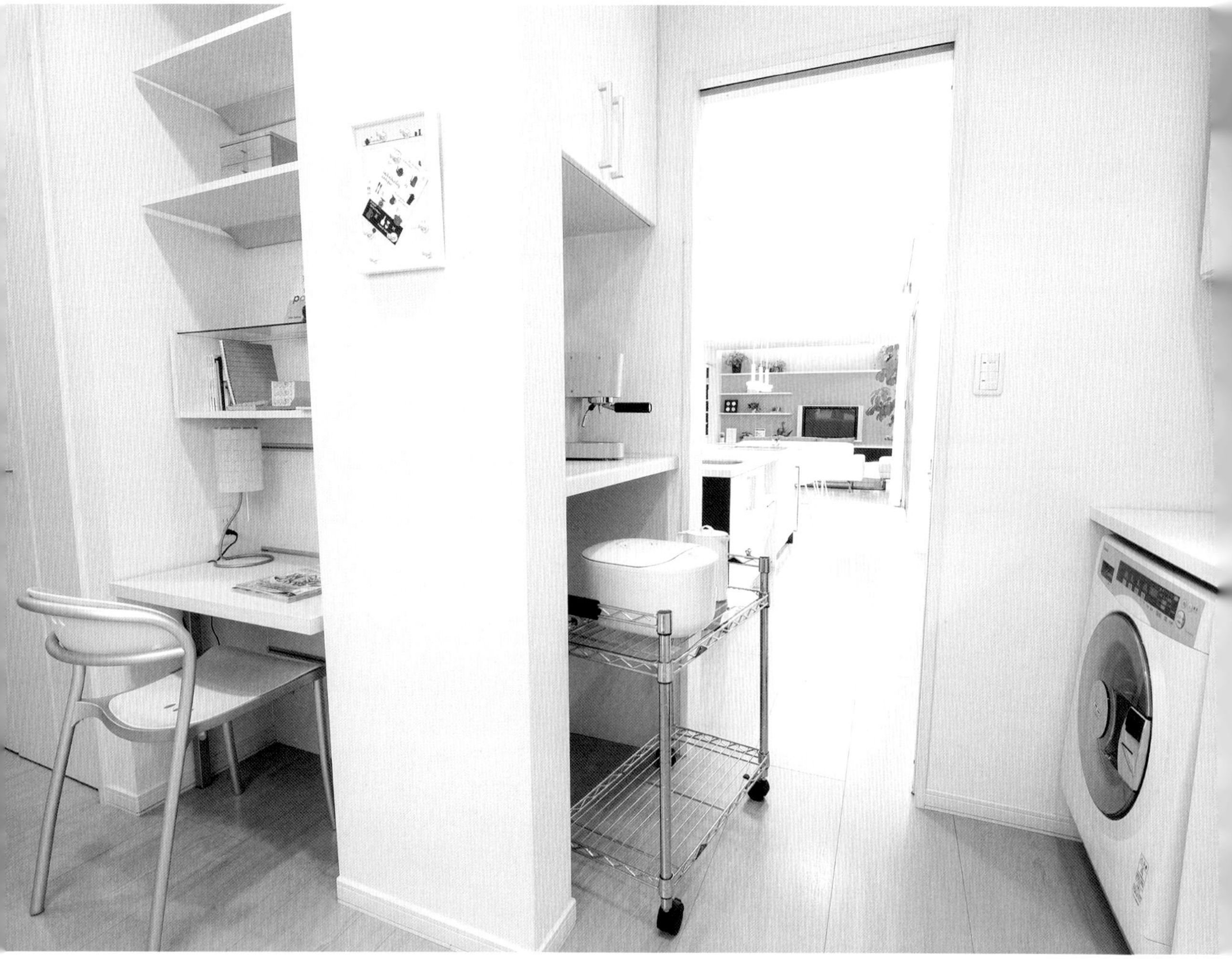

用家具分隔空间。一边是厨房，另一边是多功能空间

在广岛的多功能空间中，餐具柜和收纳柜形成背靠背的隔墙，将房间分隔开，剩余的L型部分则用做多功能空间。与厨房连为一线的部分是洗衣房，隔墙背后的空间用来做储物柜并放置家务用桌，室内晾衣处也设在这里。

把厨房和洗衣房连为一线，便于一边准备晚餐，一边洗衣服。在广岛的案例分析住宅中，厨房、餐厅和客厅在一条线上，主妇能够在熨衣服的同时关注餐厅和客厅的情况。

家电制品的颜色和形状都各不相同，也是造成厨房外观不够清爽的重要原因。那么把它们集中在一起，都放在厨房旁边的多功能空间，厨房看起来就整洁多了。对于电饭煲等厨房和餐厅都是用的电器，平常可以放在推车里，能很容易地拿进拿出。

把隔墙的背后设为收纳空间，使用者从车库后面的后门进来后，就可以在沿途把买来的东西放好，然后一身轻地走进厨房。

用餐具柜作隔墙的好处

用餐具柜作为厨房与多功能空间的隔墙，餐具柜就面对着厨房或餐厅的方向。那么在摆放餐桌的时候就不必走进厨房，直接从餐厅方向取出餐具。

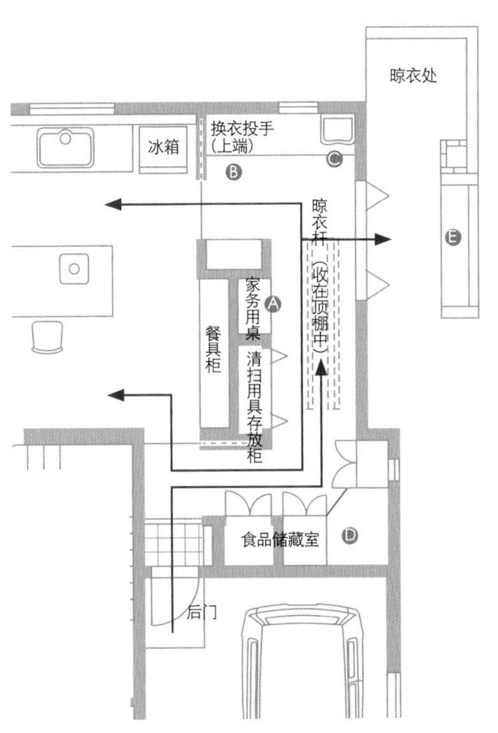

厨房和车库通往多功能空间的动线都很顺畅

用家具当隔墙，将空间分隔开的L型多功能空间中，家具的后面是收纳空间，与厨房并排的位置是洗衣房。采用这种布局，购物归来后的动线就很清楚简洁。做家务时也可以一心二用，同时在两边做。如果不采用预置形式的固定家具，那么为了安全，还是要保证它的安全牢靠。当然，固定家具也同样要保证安全。

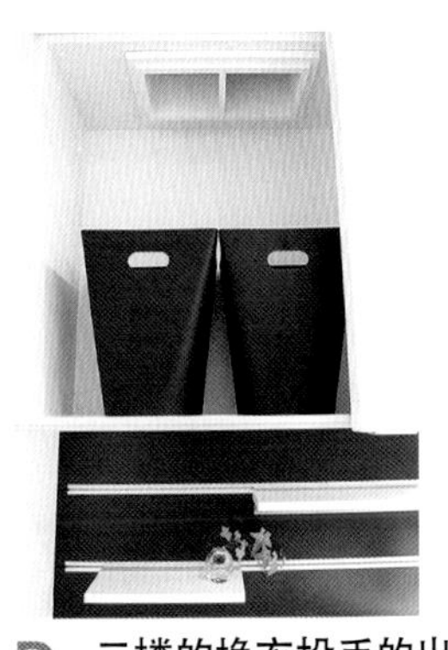

B 二楼的换衣投手的出口在这里

换衣投手位于二楼盥洗台的下方。把换下来的衣服扔进去，正好落在一楼洗衣机上方的篮子里。在搁板的下方设有暗销支架，可根据需要在上面放置搁板、挂上钩子。

C 水槽上方的吊柜里放入晾衣架

洗衣服之前要去污渍或预洗，则一定要在多功能空间设置水槽。水槽上方的吊柜里可以放入晾衣架。把吊柜分成一个个纵向的小空间，每个空间里只放一个衣架，拿进拿出时就会很方便，希望大家记住这个小窍门。

A 餐具柜后方为多功能空间

与厨房的餐具柜背靠背设置的是收纳柜和家务用桌。室内晾衣处也设在这个空间里，晾衣杆有两根，能同时晾晒相当多的衣服。

D 角落里的壁柜，需要一扇斜门

位于角落的壁橱门应该是斜的(与墙面形成夹角)。角落部分的物品拿起来不方便，很多东西因此容易被忽视。门是斜的，拿进拿出就省力气了。

E 在晾衣处放几件清扫用具

哪里使用，哪里存放。抹布或户外用清扫工具，应该放在多功能空间出口处的专用位置上。清洗这些工具需要水，因此在旁边的位置上也设有水池。

在收纳柜的两边都安上门，大幅度减少了动线的重复。在日常生活中压缩低效率的行为，提高家务劳动的费效比

在韩国，高层住宅很多，很少有在户外晾衣服的习惯。因此在设计时，我们设置了专用的洗衣房。从洗衣房通往餐厅的后方，有一块设置了家务用桌和壁橱的空间，这三处加在一起，就算是多功能空间了。

为了尽量减少动线和收纳上的低效率，我们把有相互关系的空间设在了一起。浴室与多功能空间就是代表性的例子。如果是日本，在两者之间设一扇门就可以了，但韩国有自己的风俗，有权使用浴室的只有户主夫妇，孩子们则在别处使用淋浴。因此浴室是非常私密的空间，需要在多功能空间与浴室之间再设一块收纳空间，彻底确保其私密性。

话虽如此，毕竟把脏衣服从浴室拿到洗衣房是很麻烦的。所以在收纳空间的两侧都安上门，从洗衣房和浴室都能进入其中。不光是衣服，如果把干毛巾放在洗衣房，那么从浴室过来拿也很方便。

家务用桌的后面设置的收纳空间，也在前后各有一扇门，从两边都能进入。

收纳空间与浴室共处一室

浴室的对面是洗衣房。图片的正面是与洗衣房共用的收纳空间。从浴室方向把脏衣服放进去，能从洗衣房方向取出来。

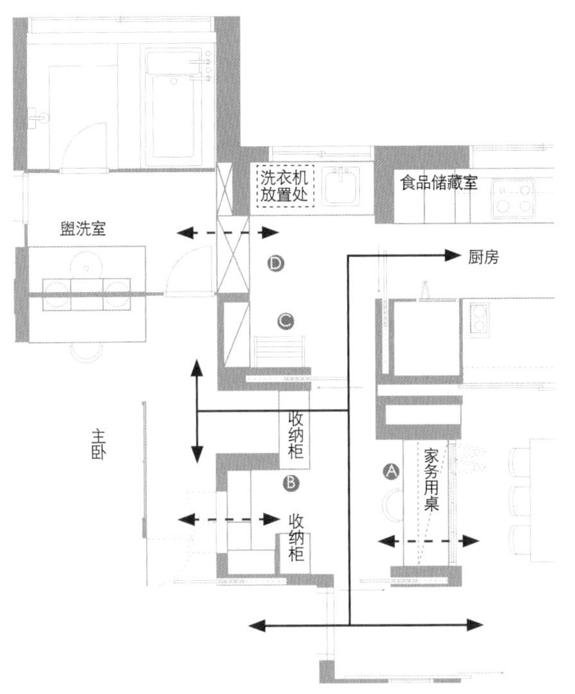

到洗衣房是一条直线

与厨房并排设置的是洗衣房。从腌制泡菜的辅助厨房到洗衣房是一条直线，家务动线简洁实用。洗好的衣服放在与浴室共享的收纳空间里，不用专门过去取。家务用桌后面的收纳柜能左右扳动，也成为洗衣房通往主卧的过道，这条动线也很方便。

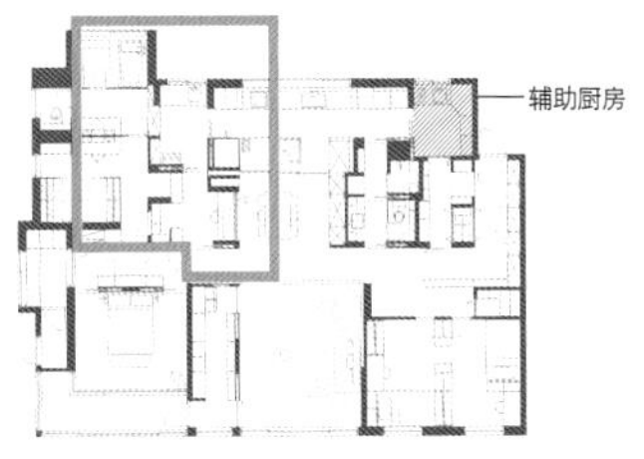

A 家务用桌下面的熨衣台

打开家务用桌的抽屉，里面是熨衣台。熨衣服所需各种工具都收纳在家务用桌里。洗好的衣服晾干以后，拿到家务用桌上，从熨烫到折叠，一系列的工作都在这里完成。

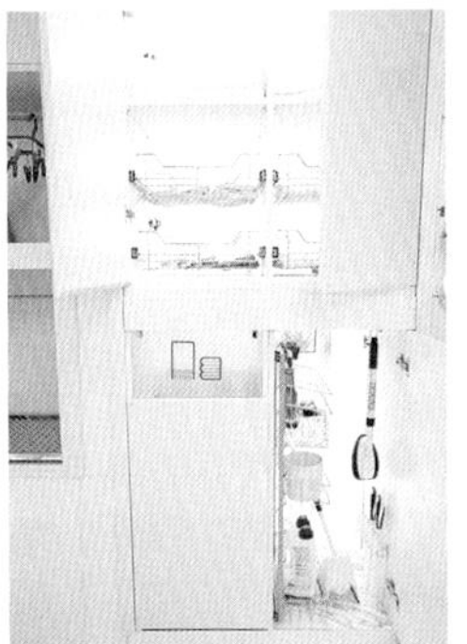

B 做家务的用具都存放在这里

在家务用桌后面的收纳空间里，存放着家务用具和主妇的兴趣用品。照片右侧的收纳柜可以左右扳动，人从这里走进收纳空间。收纳空间的另一侧也有门，可以自由出入。

C 把运动鞋和毛巾挂在小型晾衣杆上

包括洗衣粉在内，所有洗衣用品都存放在洗衣房的吊柜上。毛巾和运动鞋等小件物品就不必用烘干机了，挂在这里的小型晾衣杆上就行了。

D 收纳间有两个门，从浴室方向也能使用

换下来的脏衣服从浴室拿过来，在洗衣房里洗。洗好的毛巾和内衣放在上方的搁板上，在浴室洗完澡后使用。清洁用具也放在收纳柜的下方，洗衣房和浴室都可以使用。

近藤典子视角

近藤典子的多功能空间

从去污渍、预洗，到折叠衣服，

有关洗涤的一系列工作，都能在便利的多功能空间一气呵成

一家的女主人如果要上班，也许会担心洗好的衣服会不会被雨淋。为了消除这种心理负担，最需要的就是多功能空间，能身兼洗衣房和收纳空间，存放家务所需的用品。

扫除用具和洗衣用品都存放在这个空间里

所谓多功能空间，指的是存放扫除工具以及洗衣、熨衣用品，并能在此完成相关劳动的场所。特别是要完成洗衣服的“洗”、“晾”、“叠”一系列步骤，就需要设置这样的空间。在这里，除了能放置洗衣机、存放熨衣所需工具，还设有一个水槽，用来在洗衣之前除渍。

也许有人喜欢在客厅或餐厅的桌子上熨衣服，但这会占地方，客人突然造访时也很尴尬。有了专用空间，就可以不受干扰地做事了。幸亏有了多功能空间，洗衣服一下子变得轻松起来。

在我们家，多功能空间、食品储藏室、厨房都配置在一条线上，可以一边做饭一边洗衣服，一举两得，一心二用。

宠物掉毛，用无线吸尘器来打扫

无线吸尘器使用方便，适合打扫少量的灰尘和垃圾。我家养了两只犬，无线吸尘器更是处理掉毛的利器。这款吸尘器在充电之后，能够保持15min强劲的吸力。

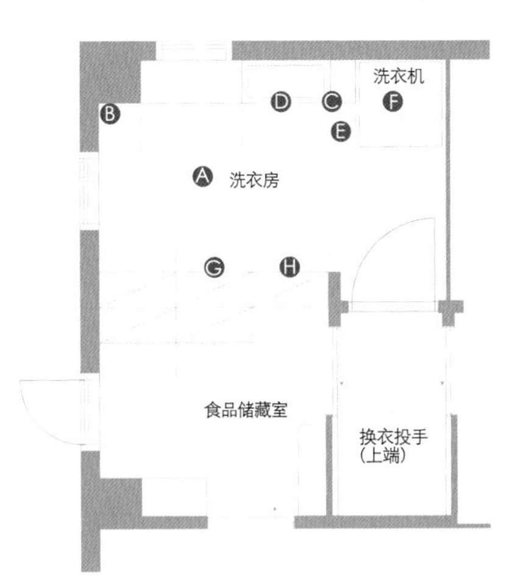

从去渍、洗涤到折叠，所有流程都在这个角落处理

这个角落并存着洗衣机、水槽和操作台。洗衣服的所有过程，包括去渍、洗涤到折叠，都在这里完成。吊柜里放着去渍用品。家里采用室内晾干方式，因此必须有窗户。除了操作台上方之外，左侧也开了窗户，保证通风。

A 使用时再组装的室内晾衣杆

不使用时，晾衣杆两侧的金属挂钩可以取下。使用时将安装在顶棚上的接口与挂钩连接即可。每根晾衣杆的负荷能力为8公斤，能晾30件T恤衫。这里的两根晾衣杆，具有很强的晾晒能力。

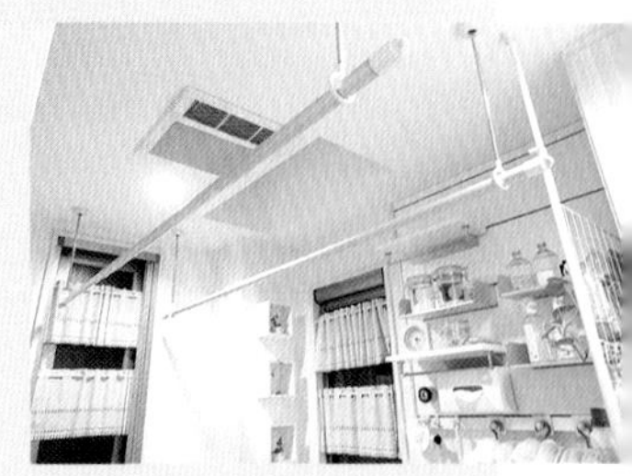

B 无线吸尘器在这里充电

多功能空间也是存放打扫用具的地方。预先在这里设置电源，需要充电的无线吸尘器自然也放在这里。

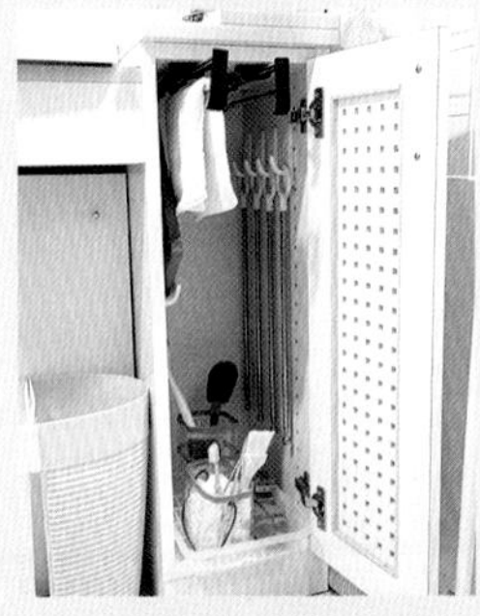

C 存放抹布的收纳柜使用带通气孔的门

水槽也是清洗抹布及其他污物的地方。洗好抹布后放在操作台下的收纳里，为了保证通风，尽快干燥，收纳门采用了带通气孔的。扫除用具都可以放在这里。

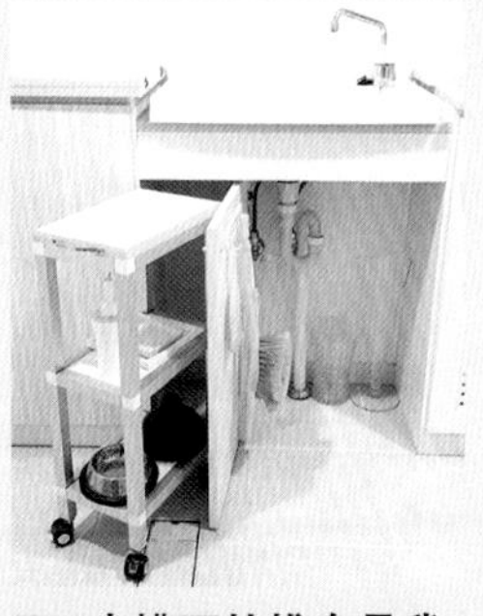

D 水槽下的推车是我自己做的熨衣台

水槽下是我自己做的推车，清洗了刷子等扫除用具或花瓶之后，在这里把水控干，然后各归其所。推车的作用是临时放置刚洗的物品。

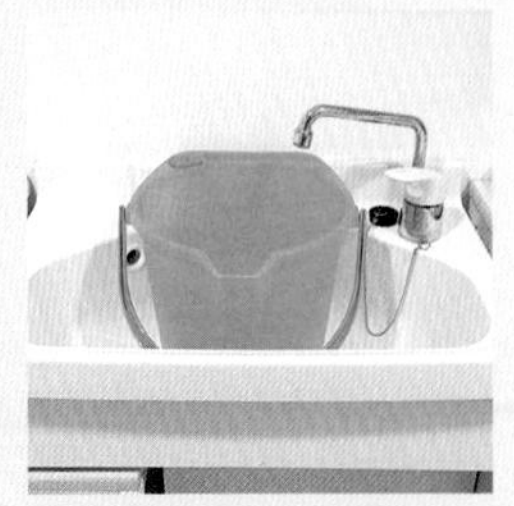

D 水槽的龙头高度正好能放进一个水桶

水槽不大，进深只有37cm，但正好能放进去一个水桶。水龙头的高度也专门配合了水桶高度。整理插花材料、清洗运动鞋或宠物的饭碗，都使用这个水槽。

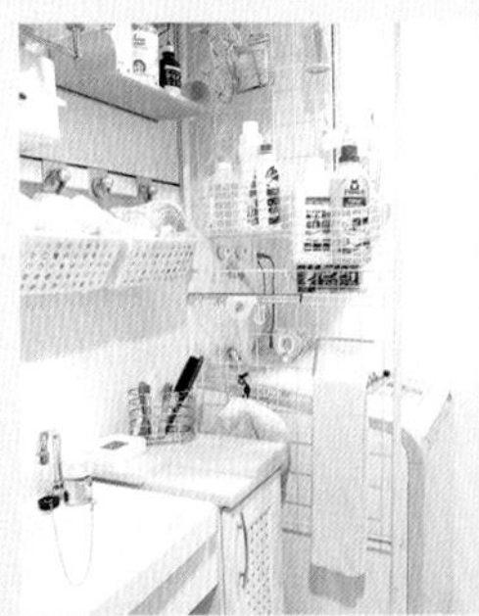

E 洗涤剂放在洗衣机旁边的网袋里

在洗衣机旁边设一个网袋，装上篮子，在里面存放洗涤剂或漂白剂。墙上安装有支架，能在上面插入专用挂钩，用来挂洗衣网或去渍用具。

F 把吊柜分成细格，存放晾衣架

在拿取晾衣架的时候，上面的夹子容易互相纠缠。为了更方便地使用，我把吊柜分成一个个纵向小格子，每个格子里放一个晾衣架，取的时候就方便了。

G 这里存放熨衣用具

水槽的斜前方收纳着折叠式熨衣台和熨斗等熨衣用的整套用具。还放着针线包和备用纽扣，熨衣服的时候如果发现扣子掉了，就能当场缝上。

H 拿出去干洗的衣物也放在这里

把预备拿出去干洗的衣物挑出来，放在我自己做的袋子里，出门的时候就连袋子一起拿着。平常衣物和袋子放在不锈钢篮里，拿进拿出时连篮子一起拿。

使用“换衣投手”，在楼上换下的脏衣服就能自动落到楼下的篮子里，大大缩短洗衣动线！

如果浴室在楼上，而多功能空间在楼下的话，洗衣动线会让人头疼。每当打算洗衣服的时候，都要到楼上把脏衣服拿下来。如何缩短这条动线呢？解决方案是设置换衣投手。在楼上的洗浴空间地板上开洞，把衣服扔进去就行了。衣服会自动掉落在多功能空间收纳柜上的存衣篮里。

我们家的浴室在三楼，多功能空间在二楼，因此要在三层楼板上开洞。我有工作，往往下班回家后才能洗衣服，这时就不必专门上三楼，可在二楼一边做饭一边洗衣服，换衣投手对我的帮助太大了。

在存衣篮的下面，存放着整套清扫用具。吸尘器的附件也放到专用的篮子里，打扫除的时候把篮子拿在手里，根据不同的打扫位置，随时更换附件。

盥洗台下面是换衣投手的投放口

打开三楼盥洗台的下面，有两个很大的孔洞，脏衣服就从这里扔进去。开了两个孔，是因为要分别投放白色和其他颜色的衣服。盥洗室里的脏衣服不再堆积如山，用起来很舒心。

近藤典子御用的“戴森吸尘器（Dyson）”的附件

我家里用戴森品牌的吸尘器。戴森在电视广告里经常用“不变的吸引力”这个广告语，其实它的各种附件也非常丰富，能灵活应对各种不同位置的清扫。产品设计充分考虑了消费者的视线，灵活的功能帮助我们解决各种实际烦恼。

1 打扫楼梯角落的时候，普通的吸嘴够不着，这就要用上“小型T字吸嘴”。清扫推拉门的滑轨时也很好用。
2 被子上附着的花粉容易引起过敏，此外螨虫也需要处理。而被子专用的这个吸嘴功能很强大。考虑到螨虫卵的孵化周期，最好每周清扫一到两次。打扫窗帘和遮帘时也很方便。
3,4 我觉得去年开始发售的“宠物洁毛具”可称得上是划时代的产品。你可以边给爱犬洁毛，同时把宠物掉的毛和过敏源有效地吸走。
5 在打扫日式房间凹凸不平的墙面，或者想柔和地清理观叶植物时，“软刷工具”就会起作用了。
6 要把榻榻米的缝隙或房间角落打扫干净，最好用这件“组合式(吸嘴＋刷子)吸嘴”。
7 “可变式缝隙吸嘴”能调节长度和角度，平常很难清理的冰箱或洗衣机周边，也都不在话下。
8 戴森的卧式吸尘器中，最小型的就是“DC26”。不但能抑制静电，使用了专为吸取木地板灰尘而开发的碳纤维刷的“清洁空气涡轮机吸嘴”，也很吸引人的眼球。

Living Room（客厅）

确保收纳空间，打造一个舒适的沟通平台

客厅有两个功能。一个是家人团聚，一个是招待客人，是家中非常重要的空间。谁都希望客厅能永远保持干净整洁，但实际上这里却是最容易变得脏乱的地方，整理打扫无数次，可总是无法令人满意。家里每个人都把自己用的东西拿进来，都是些形状颜色各不相同的物品。虽说这些物品都是有用的，但同时也造成了客厅的混乱。要想两全其美，就应该有一个收纳空间。从“小房宽用”的理念出发，诞生了叫做“客厅衣帽间”的多用途空间。从家人的各种小玩意，到客人的箱包，都能完美地收纳，甚至还能当作小朋友的游戏场和电脑上网的固定位置。确保了收纳部分，客厅就真正成为你每日放松的地方！

把门关上，客厅和餐厅就合为一体

关上两侧的推拉门，客厅衣帽间就从我们的视线消失了。站在客厅和餐厅里，根本想不到隔壁就是收纳空间。对称性布局，带来了简洁之美。

饭桌：约合1.6万元人民币；椅子(COCO)均约2400元；餐椅：约7000元，坐垫：约470元；果盆(小)：约1500元，(大)：约2200元。以上为SEMPRE.JP本店商品。
空气倍增器(AM01)。戴森产品。

耳目一新：在客厅一角设置高功能“客厅衣帽间”

客厅里散乱着家里的各种物品，既没法舒舒服服地待在里面，更没法招待客人。我见过很多这样的客厅，深感需要设置专门的客厅衣帽间。

在横滨的这幢案例分析住宅中，衣帽间占据客厅的一角，用隔墙分开，左右两侧各设一扇门，形成一条环绕的动线。之所以需要两扇门，是为了方便随时进来，避免物品的散乱和堆积。家里人平常都爱拿到客厅的物品，现在也有了各自的指定位置，很大程度上消除了整理所带来的负担。

这块空间还非常适合用作孩子们的游戏空间。把门打开的话，能从客厅和餐厅一眼望见里面的情况，需要的时候把门关上，各种玩具也会乖乖地回到自己的指定位置上，客厅总能保持干净清爽的状态。客厅衣帽间里还有一张放电脑的桌子，你可以一边跟客厅里的家人聊天，一边上上网。愿意的话就把门关上，里面就是一件小小的书房了。有客人来访的时候，把他们的外衣和包存放在这里。另外传真机、手机的充电器也可以放在客厅衣帽间里。

设有两扇门，形成“环形动线”。做家务时能绕着圈走，也可以防止物品的堆积

“舍小就大”的客厅衣帽间

经常可以看到一些家庭里靠墙的大型收纳柜，包围着电视，占了整个墙面。其实这种方式并不能收纳多少东西，还给人一种压迫感。采用客厅衣帽间的方式，虽然客厅面积会有所减小，但不再会有东西散乱的情况。如果你家里的客厅、餐厅和厨房是在一起的连续空间，那么我推荐“舍小就大”的客厅衣帽间。

桌子（大）：约3000元人民币，（中）：约2100元，（小）：约1900元；电视柜：约1.1万元；地毯（Rangoli）：约2.4万元；椅子：约7000元；灯具：约4000元；靠垫罩（蓝色）：约580元，（褐色）：约480元；靠垫（小）：约420元。以上为SEMPRE.JP本店商品。

收纳柜利用了墙面，客厅衣帽间附加了多种功能

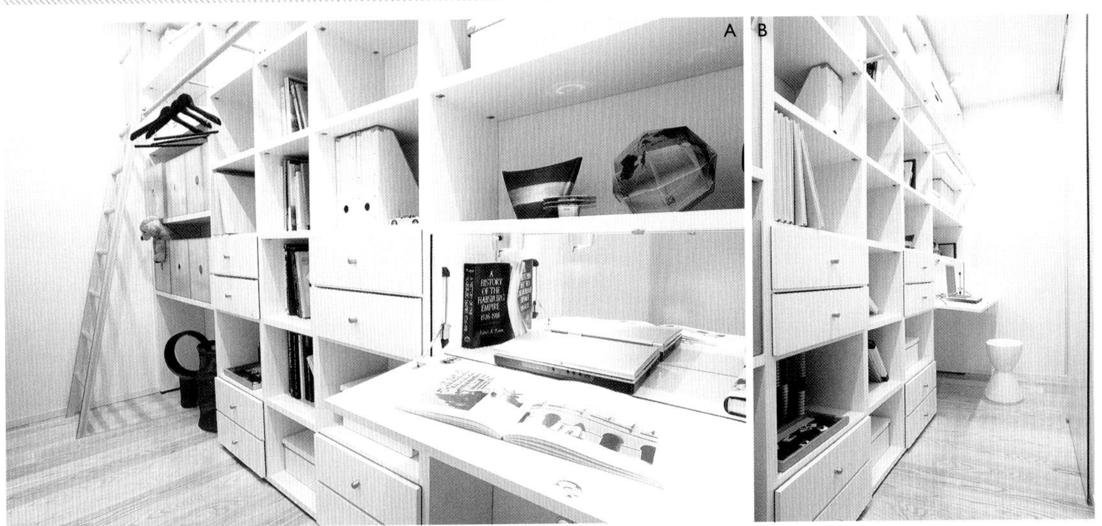

右侧远处是书桌空间，左侧利用为收纳空间

从地板延伸到顶棚的墙面上，存放书、杂志或玩具，旁边还有查资料用的写字桌。为了方便在高处存取物品，还需常备一个能移动的梯子。固定梯子的是横贯两道墙之间的横杆，客人的外衣也可以挂在这里，一举多得，充分利用收纳空间。

近藤典子视角

客厅衣帽间

能在双方向进行收纳的升级版

强化了各种功能，“客厅衣帽间”的终极版

对于上一页介绍过的横滨的案例分析住宅里的客厅衣帽间，我们再通过使用“不锈钢暗销支架”，或采用双方向收纳方式，推出功能强化的最终版本。对于影碟和杂志等不易于收纳的物品，在这里也进行了手法的升级。

改变两侧收纳柜的进深，使之成为节省空间的高效收纳设施

照片里远处的A柜，是能够轻松存放椅子及长靴的、进深为45cm的空间。而客厅一侧的B柜用来存放书、杂志和影碟，因此选择了便于使用的25cm进深。将两侧收纳的物品进行区分，形成一个高效率的客厅衣帽间。

此处过道的宽度为85cm，需要的话可以改为70cm左右。也不影响人的通行。如果不打算收纳大型物品，A柜的进深也可以减小为40cm左右。因此，即使考虑到与客厅之间的隔墙厚度，仅留出总宽为145cm的空间，也足够做一间客厅衣帽间了。越是面积有限的家庭，越值得尝试一下。

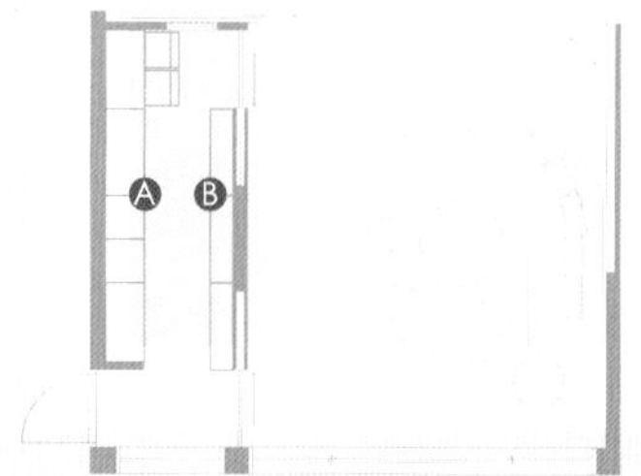

3个出口构成环形动线

除了客厅方向的2扇门，从卧室方向也有一扇门能走进客厅衣帽间，方便主人在临睡前看看影碟、读读报纸。这也是共用空间与私用空间共处一层才有的好处。

A 收纳柜的进深为 45cm，大型物品也能轻松放入。

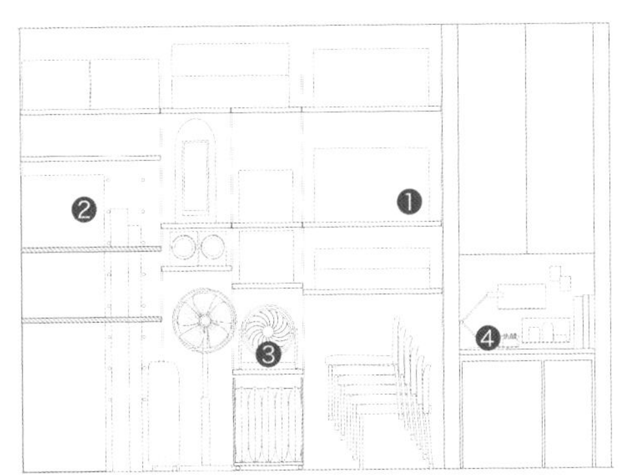

B 搁板进深为 25cm，小物件放在这里，能够一目了然。

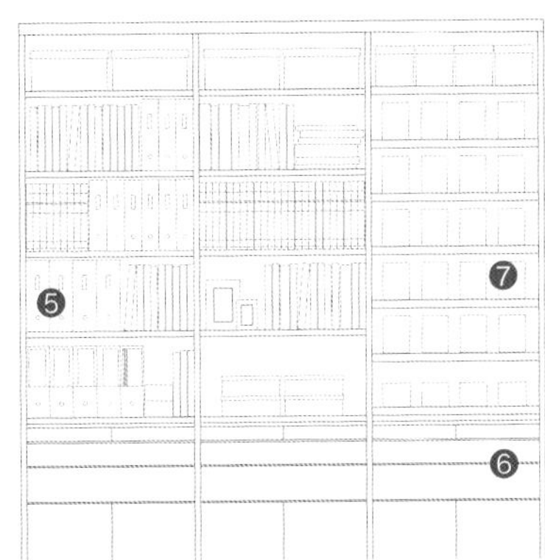

1 自由选择搁板的高度和位置

在两侧的墙面里镶入不锈钢暗销支架，就可以根据物品自由调整搁板的宽度、进深和位置了。风扇和电暖器等季节性用品往往找不到收纳位置，有了调整收纳空间的办法后，就不再是一个问题。

2 采取措施，防止较长的物品倒下

在一部分搁板上安装横杆，用来挂客人的外衣。地毯、竹帘等物品要卷起来竖着放。使用带磁铁的金属棒（管）或三面环绕的框，把地毯等物品立在里面，就不必担心倒下了。

5 存放相册或杂志

存放家人的相册或有用的旧杂志。同类物品放在一个文件夹内，便于管理又很整洁。在“看得见的收纳”里，重要的是按品种归类。

6 小物件集中放在盒子里

在搁板的位置放上规格相同的扁长形盒子，遥控器或未经整理的物品都可以临时存放。要想便于开展进一步的整理，扁长形的盒子是最适宜的。盒子下面的抽屉里存放游戏机等客厅使用的物品。

3 地面的收纳箱应采用推车式

放在地面的收纳箱，应使用比较重的、能移动的推车式。来客专用的椅子、孩子们玩的玩具都可以放在里面，和推车一起移动。推车一次能装很多东西，节省家务劳动的时间。

4 书桌间还能当作小型书房

在客厅衣帽间的这个角落，可以一边跟家人聊天，一边上网查资料，或者读书、整理相册。带轮子的椅子还能助你拿取高处的物品。此外，手机的充电器平时也放在这里。

7 靠近门的地方陈列自己的兴趣爱好用品

CD、影碟、书等一家人都会使用的物品，应该斜着陈列在靠近客厅的位置，做到能一目了然，就像店里的商品。客人当然也能随便观览，这些物品不知不觉中成为了家具陈设的一部分。

房间布局要点 客厅的一角，是日式空间。此处的“箱座”是能够移动的。根据场景不断变化的多元客厅

针对和老人一起生活的家庭，神户的案例分析住宅选择了能容纳多数人的客厅。

客厅本身的面积约为 13m²，旁边是 8m² 多的箱座式日式房间。日式房间里还隐藏了一点小秘密。

在日式房间里有两种箱子（箱座），规格分别是 0.91m×1.82m、0.91m×0.91m。这里本是客厅的一部分，箱座的底部贴着树脂膜，移动起来很方便。把箱座拿走，客厅一下子就扩大了。原有的 13m²，再加上日式房间和 2.5m² 的过道面积，总面积一下子就增加到 23m²。像玩游戏一样把箱座移来移去，客厅也会随之改变形状。

箱座留在原处，就是一个榻榻米间。待在室内也丝毫不影响与客厅的沟通。箱座的高度是 40cm，你可以把它当成椅子坐在上面，也可以随时躺下，尽情享受日本的居住文化。

把日式房间的推拉门关上，就是一个完整的封闭空间了。客人来了可在这里留宿，如果家人身体不舒服，也能让他一个人在这里安静一会儿。一室多用，是这间居室的最大优点。

把推拉门关上，就是一个完整的空间

沿着顶棚上的导轨方向把推拉门关上，形成一个封闭空间。睡午觉也好，稍微休息一下也好，都是恰到好处的居所。

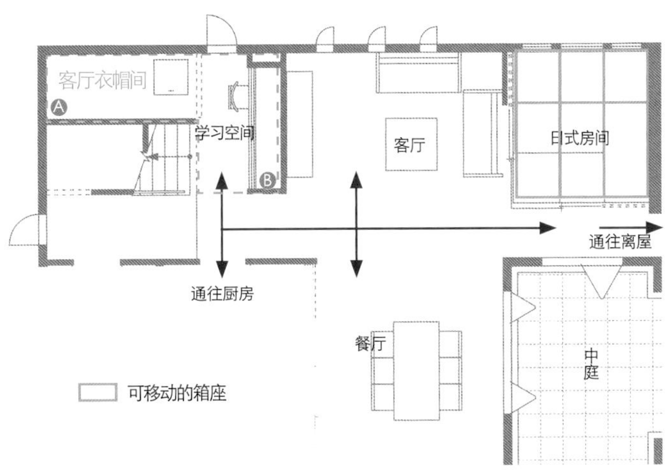

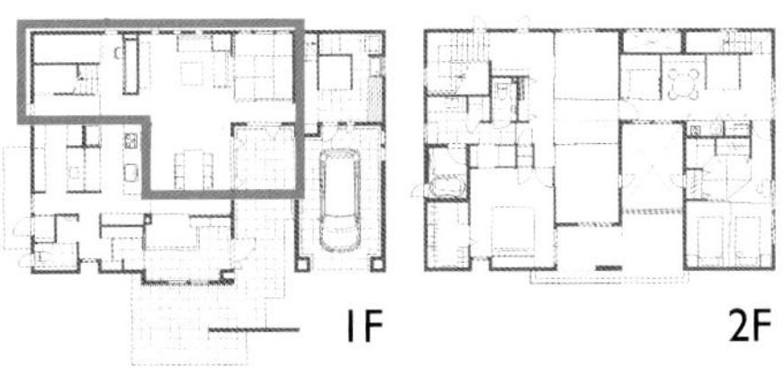

自由自在的动线有利于减压

在一楼部分的厨房、餐厅、客厅、客厅衣帽间之间来往，动线自然流畅。减少了时间上的浪费和心理上的急躁和焦虑，对育儿期的家庭以及老年人同住的家庭非常合适。不管身在何处，都能看到家里其他部分的情况，所以能放心地做家务。

移动箱座，享受家里的新环境

将一部分箱座挪到客厅，日式房间和客厅就形成一个宽阔的整体空间。箱座面积为 0.91m×0.91m，大人当作椅子来坐，后面还有足够的空间让小朋友们打打闹闹，非常适合亲子之间的交流。

把 4 个空间连为一体

客厅、日式房间、餐厅和中庭 4 块空间加起来，面积超过 45m^2。在举办聚会或有什么特别活动的时候，把存放在车库的木板拿出来，铺在中庭当露台，就能热热闹闹地玩一场了。

用墙来分隔客厅和楼梯，打造一间随心所欲的开放型客厅衣帽间!

A

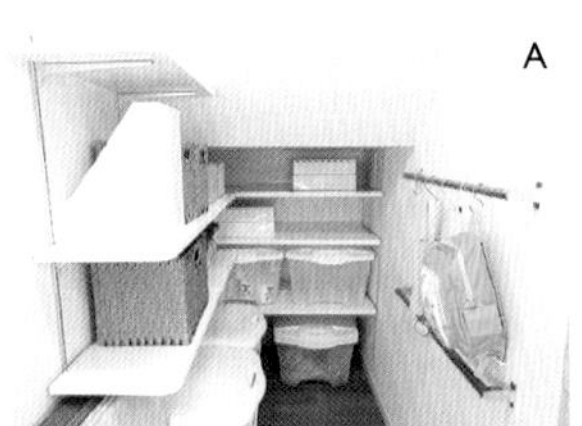

楼梯下方的 L 型收纳柜容量惊人

楼梯下方的空间可作为客厅衣帽间的一部分而灵活使用。采用L型的收纳柜，各种大收纳箱都能一览无余。右侧的横杆用来挂包或其他小物件。

B

一堵墙造就的客厅衣帽间

如果没有独立空间来当客厅衣帽间，可以用墙来分隔，楼梯下方与墙之间的位置也能打造很棒的客厅衣帽间。这里还可以用作学习空间、家务空间、微型书房，在与家人之间保持恰到好处的距离感的同时，享受自己的一人世界。

与邻里之间的友好往来，也是自身生活的动力源泉。一间对外开放的客厅

要重视与邻里之间的交往，这是住户对名古屋的案例分析住宅的要求。因此客厅的设计重点就放在了开放性上。

这里的客厅与露台相邻，在空间上具有一种外向型的开放感、令人心情舒畅。身在客厅，能听到从露台那头传过来邻居的问候，双方都能够无拘无束地尽兴畅谈。

虽然是开放型的，但由于设在客厅与餐厅之间的楼梯带来的遮蔽效果，客厅还是保留了恰到好处的单间感觉。

楼梯的位置妙不可言。虽然本身有遮蔽的功能，但它的下方是空的，还是使客厅与餐厅之间有一定的连带感。一边是吃饭的餐厅，另一边则是休息娱乐的客厅，楼梯则是它们的分水岭。即使在客厅招待客人，也不影响其他人进餐，悠然自在。生活不就应该是这样的吗？

无立板楼梯的下方，可以按照自己的喜好，放玩具、设为宠物空间或展示空间。

玄关旁边的客厅衣帽间有两扇门，分别连接客厅和玄关，也可以用来收纳客厅用品之外的东西。

神龙见首不见尾，恰到好处的距离感让你悠然自得

身在餐厅，能透过楼梯下半部的无立板部分略微看到客厅的情况。这种距离感恰到好处，因为即使来了客人，家里人还能正常进行日常活动。

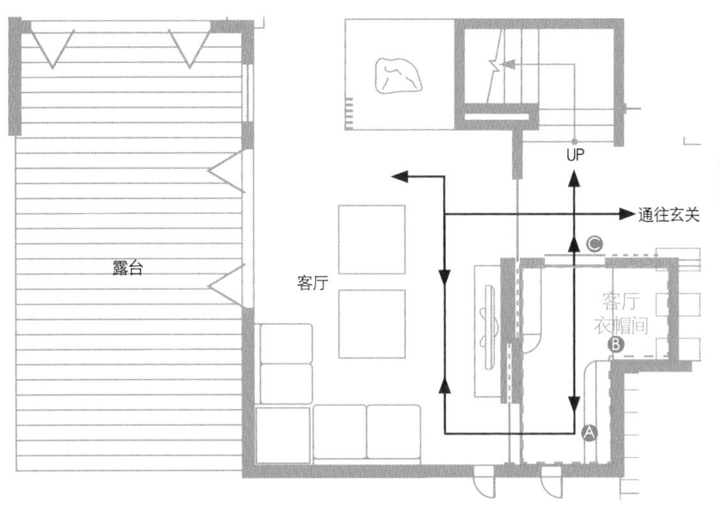

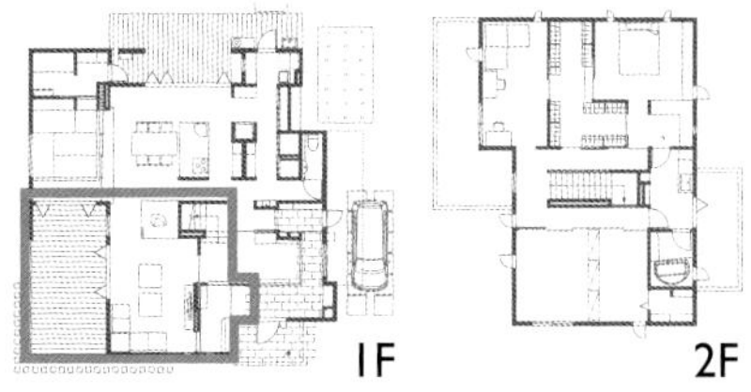

分别设在客厅和玄关方向的门，构成了一个环形动线

为了避免客厅到处散落着用过的东西，在客厅和衣帽间之间有一扇门，方便整理客厅。而打开玄关方向的这扇门，就能存放玄关使用的物品，包括客人的外衣。除此之外，因为这扇门还对着楼梯，因此有些原本收纳在二楼的物品，也可以暂时存放在这里。这两扇门构成的环形动线，能够缩短家务劳动的时间。

用途不同的两扇门，也可以当作过道来使用

图片左侧的门通往玄关，右侧的通往客厅衣帽间。坐在右手边沙发上的人，不必从电视前横穿，可以通过右侧的门，穿过客厅前往二楼或玄关，这样就不会影响看电视的人。

出入口分别位于客厅一侧和玄关一侧，帮助住户灵活选择收纳方式

书桌空间还能当作小型书房

打开右边的门，眼前就是书桌空间。在这里，可以一边跟家人或客人聊天，一边查资料。根据需要还可以用作微型书房或孩子们的学习空间。

根据收纳对象调整收纳搁板

客厅衣帽间还可以临时存放玄关周围的物品或家中杂物。进深分别为30、40、60cm的3种搁板可以分别应对各种大小的物品，不浪费收纳空间。

客厅和二楼之间的中转站

玄关一侧的门正对着楼梯，所以从二楼拿下来并用完了的物品，也可以暂时存放于此。把物品集中起来整理，不仅能提高效率，还起到心理减压的作用。

考虑到家人和来客的视线，在家具的配置上注重客厅的一体性

这里的客厅、餐厅和厨房在平面上连为一体，为了界定它们之间的位置，我们将沙发背对饭桌放置。这一思路的关键之处，在于注重饭后的悠闲时光，让人们的视线远离餐厅。

客厅是家人集中的地方。但即使相互之间相距的很近，每个人也许都有自己感兴趣的事，因此在不大的空间内，也要让大家都有一定的距离感，保持心情舒畅。在家具配置方面考虑视线问题，是设计时的要点。

规划时还提出了另一个思路，这就是3m^{2}左右的客厅衣帽间。衣帽间可以单独使用，也可以分别用作书房和壁橱。设置一个面积不大但具备多种功能的衣帽间，可以根据具体情况决定它的使用方式。

书桌空间是面向外侧的，这是为了促使孩子集中精力复习功课。书桌有180cm长，家长和孩子能同时使用，也是两代人感情交流的良好渠道。

不因为面积问题而放弃梦想，希望这里的设计能给你信心。

在客厅的一角设置了3m^{2}大小的客厅衣帽间

设置在客厅的旁边，用来当作孩子的学习空间，也可以把电脑放在这里。打开门，就能随时感受到家里的情况；来了客人就把门关上，又成为一个私密空间。仅仅3m^{2}的空间，只要肯动脑筋，就会变成家中不可或缺的宝地。

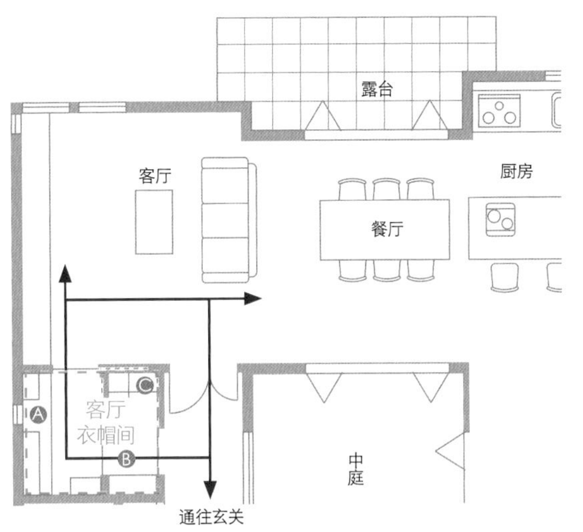

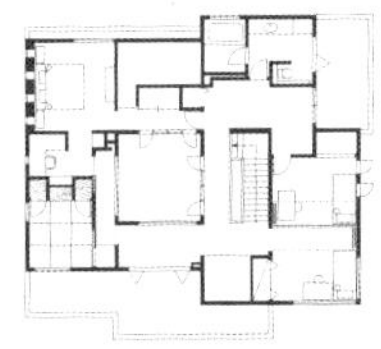

1F　　2F

在两个位置上设置出入口，这是绝对条件

在客厅一侧和走廊一侧的两个出入口，形成了一个环形动线。即使客厅里有客人也不必在意，可以从容地从走廊一侧的门出入。设在书房一角的收纳柜，对两边都没有影响。两扇门的效果非常显著，让面积只有3m²客厅衣帽间能力超群。

将客厅衣帽间进一步分为两个不同功能的空间

A

B

关上推拉门，就是一个独立空间

将衣帽间再分割为书桌空间和壁橱时，要在其间设一扇门。关上门之后就是各种独立的空间了。两者都有各自的出入路线，书桌空间走客厅这边，而壁橱则走过道这边，各自不影响对方。

C

储物间的L型收纳柜

壁橱隔着过道面对中庭，因此集中存放园艺用具、户外用品、孩子的书或旧杂志。L型收纳柜具有一目了然、拿取方便、大容量以及能灵活应对物品大小的优点。

根据需要进行分割，客厅瞬时变身为单间

玄关、走廊、客厅等客人用的地方应该尽量宽敞，这是韩国人对住宅的基本思路。因此这也成为设计时的要点。

上述空间得到了优先权，收纳空间自然成了次要因素。因此我们干脆把家中所有能用的空间都设成了收纳空间。不过这样一来，客房又不知道该设在哪里了……

既然如此，那就在家人日常的休闲空间——客厅上动脑筋。做一个有弹性的空间，能在需要的时候分割客厅。办法是在墙上设置可扩展的隔板，客人留宿的时候就把隔板拉开，客厅就变成了单间，正好当作客房。

到了晚上，客人在客厅转化而来的封闭客房休息，但家人的动线依然不受影响。主人出入主卧毫无问题，孩子们也能自由来往于餐厅、厕所和淋浴室。

没有客房，也不影响自己家的生活方式，同时又能应对突然造访的客人并盛情留宿，实在是让人愉悦的事。

使用隔板，变客厅为单间

拉动客厅墙上的隔板，客厅就变成了单间，与厨房、餐厅分隔为两个空间。在需要的时候，随时能变化出一间房，主客之间不必顾虑，在一个屋檐下共同安眠。

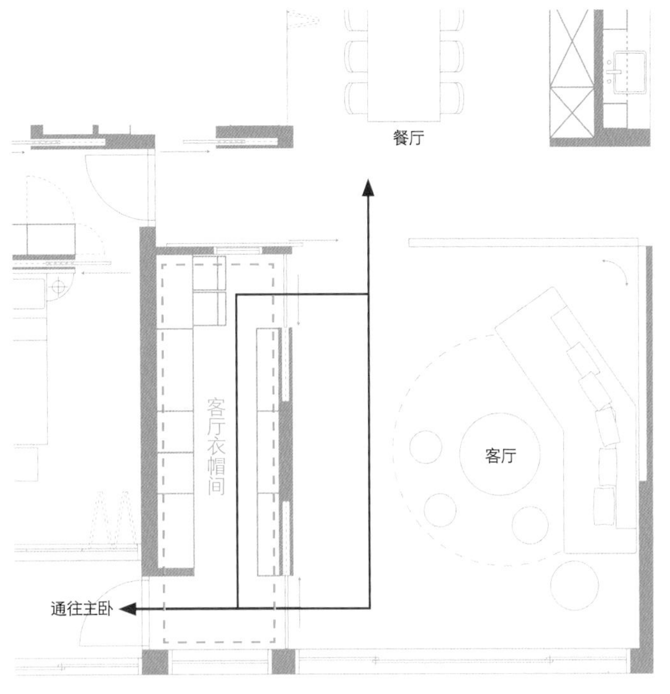

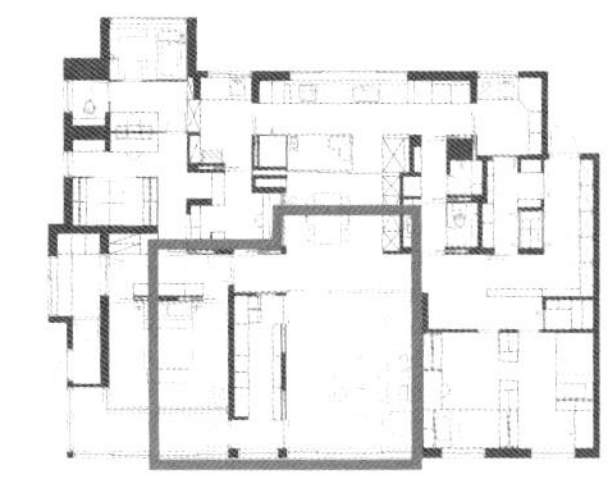

设置两扇推拉门，确保环形动线

电视设在墙面之中，墙面两侧则各安上一扇推拉门，要离开房间，也可以不经过电视机的前面，而是走客厅衣帽间，这就避免影响到其他人看电视。第三扇门则考虑了动线问题，设在主卧与阳台之间。

微型书房设在出入口附近

≫P103

书房里的桌子可以用来操作电脑、查询资料、整理照片、发布通知等，家里人都能使用。

设置在餐厅、客厅一侧的出入口附近。

客厅衣帽间　餐厅与客厅正面相对。在餐厅的墙角设一处客厅衣帽间

利用墙角收纳，不影响整体的美观

如果没有合适的位置，那么可以在任何一个角落设置。别看它不起眼，只要有了这个地方，客厅就不会再杂乱，能一直保持干净整洁。

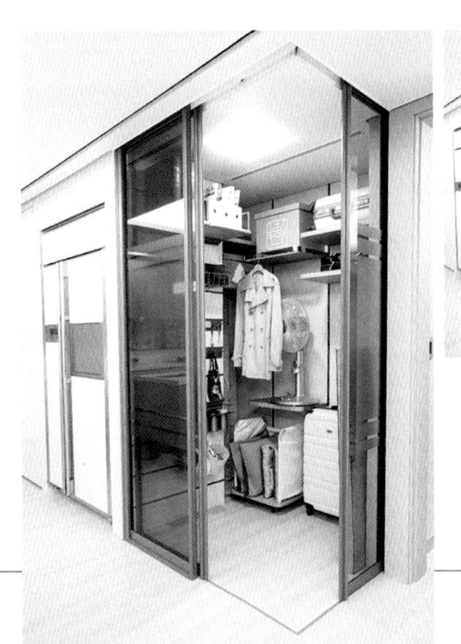

使用平拉门的客厅衣帽间

这里的客厅衣帽间正对着客厅，在角落里设有两扇直抵顶棚的门，面积约为2.5m^2。开门方式是八字平开，打开之后衣帽间的入口显得很大，因此能方便地拿取大型物品（照片中为样板房，所以采用了半透明玻璃）。

Bedroom（卧室）

忙碌一天回家，当然希望拥有一个能彻底放松的多功能卧室

Bedroom、主卧室，这种叫法，很容易让人把夫妻二人的卧室误解为仅仅是睡觉的地方。其实不然，夫妻二人的卧室，是两口子忙完了一天的工作，能喘口气的地方。

既然如此，就要在卧室设置各种功能，让两人过得充实愉快。当然，必要的功能也是因人而异的。想读书的话，就需要书柜；喜欢两个人喝咖啡、品酒，那就需要相应的桌子。不管设置什么样的功能，重要的是夫妻之间要好好商量。

卧室并不一定要很大，一样可以具备多种功能。将一部分空间分割出来，放上一张书桌，这就是小型书房了。隔板让人感受到对自己的另一半的关爱，同时使用者也能放松下来。

主卧最好设在浴室的旁边，这样洗完澡之后立刻就能上床休息了。

把卧室的一部分分割出来，改造成小型书房

从卧室分割下一部分面积，作为书房兼化妆室。关上门的话，灯光和声音就不会传出去。当然，也可以不必把门的高度做到紧贴顶棚，留一点空隙当然会漏出一些光亮和声音，但好处是能互相感觉到对方的状态。

丝绵缎纹被罩（女用）：约合6300元人民币；枕套：约550元；羽绒枕：各约1350元；蜂窝纹毛毯：约1350元；毛巾被：约550元；有机棉靠垫罩(灰色、60cm)：约1000元，(本色白、45cm)：约750元；羽绒靠垫(60cm)：约1500元，(本45cm)：约800元；以上均为FIBER ART STUDIO商品。
相框 约750元；台灯（白）：约4700元，(茶色)：约3500元。以上为SEMPRE.JP本店商品。

将卧室分割出来，设置附加功能，提供一个舒适的空间

之所以向大家推荐多功能卧室，除了能让自己的时间更充实之外，还有一个理由。比如说临睡前，突然想到明天要做的事，想要写张便条，但去客厅又太麻烦。或者睡到半夜口渴了，想去厨房又怕接下来睡不踏实，等等。如果在卧室设一间小型书房或放一台小冰箱的话，自然方便多了。泡了一个热水澡，出来后再喝杯冰啤酒，也很舒服吧？

有些人会觉得多功能空间可以接受，但专门把卧室分割出去的意义不大。但请你想一想，如果自己想睡觉，但另一半要做事，会不会影响睡眠呢？只要把卧室的一小块分割出来做成小间，就能消除这些问题，卧室就更能给你带来甜蜜的梦境。

不需要太大的空间。有 1 ～ 2m² 足够了。其实隔间小一些，让人有一种身居飞机驾驶室的感觉，反倒更有意思。不要因为房间小就放弃梦想，稍微分割出一小部分，主卧就具备了各种功能，让你体会到生活的乐趣。

隔板设在下床去浴室的途中，就不会干扰对方的睡眠，让自己有一个充实的时间

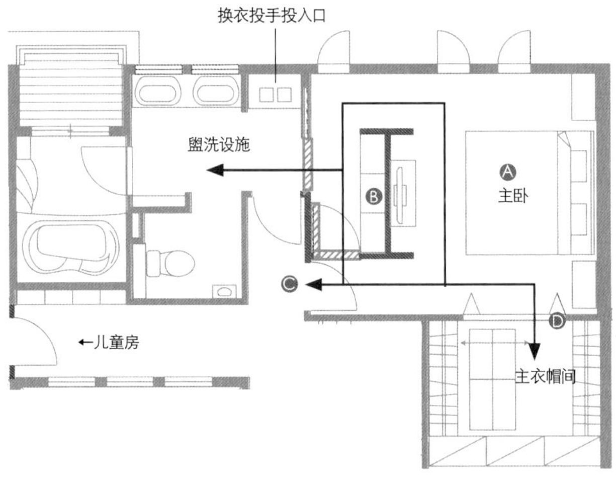

在通往浴室的途中设一间书房兼化妆室

在横滨的案例分析住宅中，书房设在卧室到浴室之间的角落里。一块隔板将两者分隔开，里面是书房兼化妆室。设计利用了卧室到浴室之间的动线，在其中的抽屉里放入换洗内衣。书房兼卧室有门，在另一半睡觉的时候，也可以不必担心打扰对方。

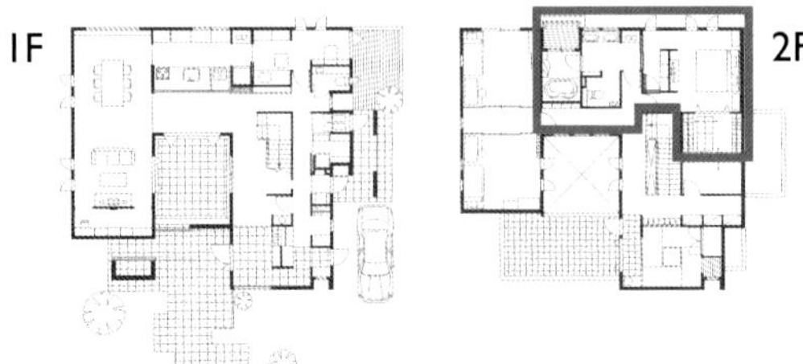

在空间上区分睡眠、更衣和放松的区域

A 床旁边是主衣帽间。床头设一个抽屉，眼镜和看了一半的书就放在这里。B 隔板后面是书房兼化妆室，位于通往浴室的动线上，可以在这里的抽屉中放入换洗内衣，方便使用。C 右侧的门是主卧的出入口，左侧则是浴室出入口，孩子们从这个出入口进入浴室。浴室与主卧相邻，夫妻俩可以从这里进去。D 主衣帽间打开门的状态，近处的收纳柜放帽子和包等小物件。主衣帽间分为左右两侧，可以左侧归丈夫用，右侧归妻子，也可以左侧放春夏衣物，右侧放秋冬衣物。

在过道上设一个搁架，就成了一间书房兼化妆室。搁板与横棂组合成多种形式，对应各种需求

在神户的案例分析住宅中，主卧的面积比较小，因此我们在通向浴室和厕所途中的过道中设了书房兼化妆室。这是面积只有 1.5m²，两边各设了一个搁架的简易空间。

打造起来非常简单。准备宽度为 35cm 的几张木板，然后把它们搭在墙上的横棂上就大功告成。在横棂上前后并排搭两块板，就是一张 70cm 的桌子了。木板规格有一种就够了，根据需要用作搁板或者书桌。

横棂自下而上地嵌在墙壁上，间隔为 35cm。这是有目的的：从下向上的第二根的高度为 70cm，正好是书桌和下方收纳柜的应有高度；第五根的高度是 175cm，与衣柜的挂衣杆高度相同。换句话说，仅仅改变木板（搁板）的放置位置，同一块空间就可以轻易地变身为书房、壁橱和衣柜。

横棂的间隔为 35cm，高度正好适合收纳书和其他生活杂物，使用方便。35cm 是收纳空间的基本数据之一，在很多时候都会派上用场，请大家记住。

1.5m² 左右的空间内，装上搁板就变身为书房

主卧非常简洁，只有一张床。其实无需专设，只要动动脑筋，利用与相邻空间之间的位置，同样可以打造一个具备必要功能的空间。

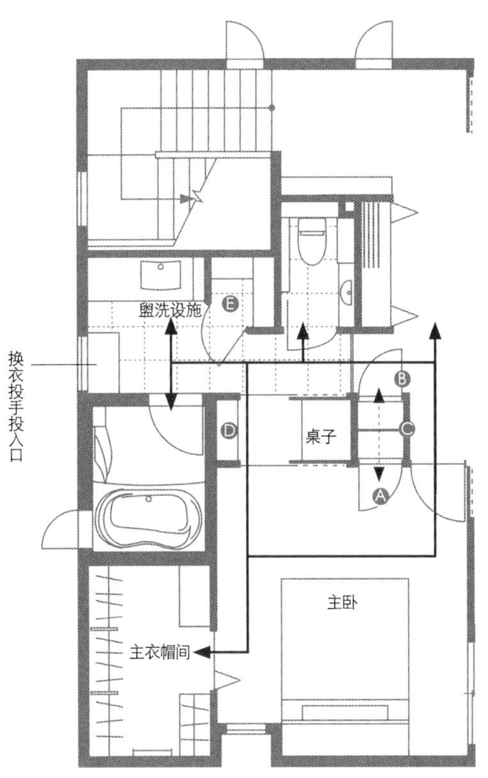

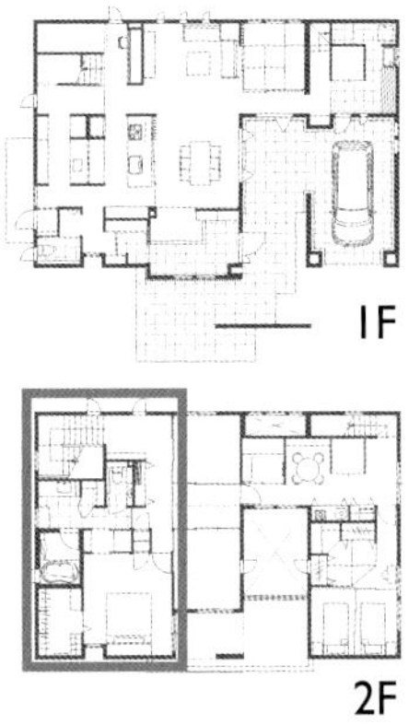

在通往浴室的通道上设置书房

书房设在大床通往浴室途中的通道上。设在书房两侧的收纳空间A和B的两侧各设有一扇门，在卧室和过道两边都能使用。卧室一侧放上搁板，过道一侧安上挂衣杆，用来挂大衣。路过的时候从两边都可以存取物品，同时就在卧室旁边，使用起来不会感到麻烦。

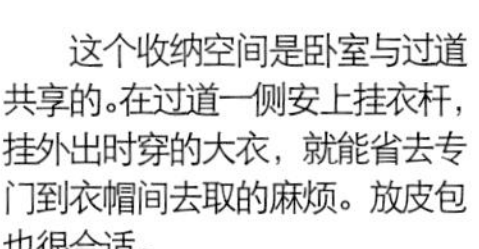

B 把大衣挂在过道边上

这个收纳空间是卧室与过道共享的。在过道一侧安上挂衣杆，挂外出时穿的大衣，就能省去专门到衣帽间去取的麻烦。放皮包也很合适。

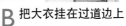

C 在墙上装 6 根不锈钢暗销支架，就可以放上收纳搁板了

为了能从两个方向使用，要在收纳空间的两边装上6根不锈钢暗销支架。这样就能根据需要，在过道和卧室两侧安上搁板或挂衣架，使之成为既能挂大衣，又能放小物件的收纳柜。

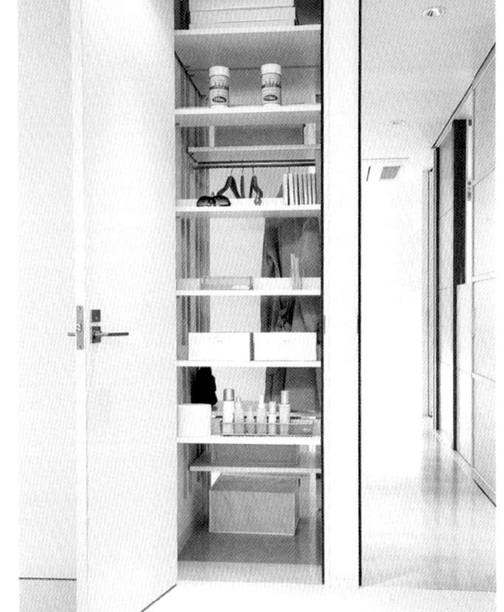

A 兴趣爱好用品放在这里

在邻接主卧出入口的过道一侧设置了收纳空间。在卧室一侧放上搁板，尚未使用的化妆品，以及首饰、眼镜、书以及装饰物等平常不知道该放在哪里的物品，都可以收在这里。

D 在桌子的对面设一个宽度较窄的收纳柜

在书房的桌子对面，设一个进深为30cm的收纳柜，专门摆放书和文件夹。如果在卧室里放上电视或音响设备，收纳柜自然也可以存放CD和影碟。

E 斜着安一扇门，然后放入 L 型收纳柜

这部分收纳区采用了L型收纳柜，因此收纳区不必是方形的，可以把L型收纳柜中没有搁架的部分切去一角，安一扇斜着的门（不必与墙平行或垂直）。多出来这一个角的面积，就能让狭窄的盥洗室获得更大的使用空间。还可以放置洗衣机。

如果卧室足够大，可以通过分割空间，做到既能兼顾个人的私密时间，又能深化二人世界的和谐

如果卧室有足够的面积，就更需要认真思考该如何有效利用。如果家具布置的不好，会造成到处都是杂物，变成一个杂乱无章的空间。

在名古屋的案例分析住宅中，分别在4个位置设置了睡眠区、化妆区、书房和衣帽间，让主卧具备了4种功能。

在书房，为了不让灯光泄露出来，使用了百叶窗，在其背后放上书桌。在照片正面的墙边另设一张桌子，这里是化妆区。收起百叶窗，两口子可以聊天。之所以采用了长桌，是为了方便两人闲下来之后品茶饮酒。

主衣帽间设在主卧与儿童房之间。全家的衣服都放在这里，因此使用了很大的空间。

明确了各个位置的功能，就能够有目的地进行使用，整个卧室也变得生气勃勃。

在名古屋的案例分析住宅中，家具都是预置式的。如果你喜欢经常调整室内气氛，那就选择普通家具。但需要注意的是，在决定家具位置的时候，首先要确定打算在这个位置做什么，这是一切的出发点。

书房的位置设在床尾方向

为了不影响对方休息，书房设在了远离床头的位置。要避免灯光和声音传出来，可采用家具或隔板将空间分隔开。

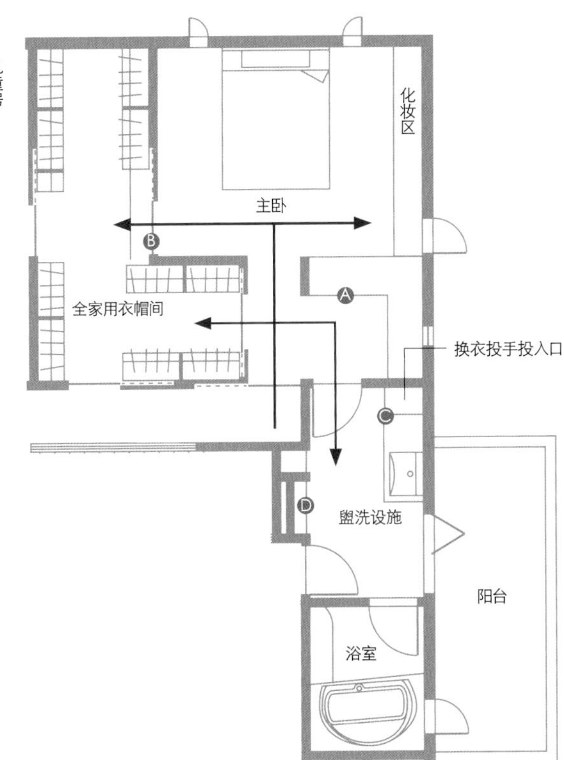

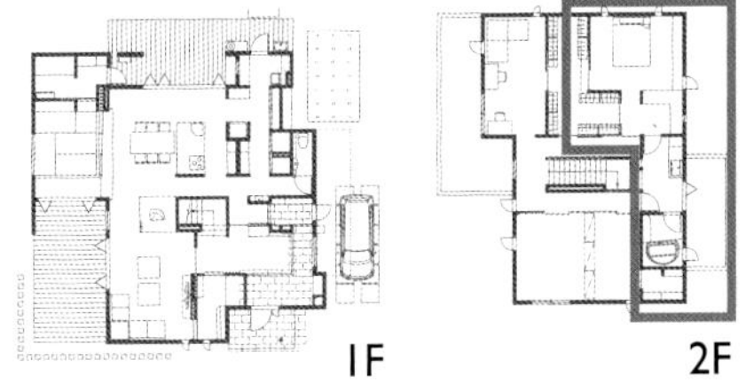

将各个功能空间分散设置，保证移动的顺畅

以睡眠区为中心，右手边是化妆区、床尾前方是书房、左手边是衣帽间。各自的动线不会重合，自然不会干扰对方，能顺利地前往自己的目的地。洗完澡出来想喝杯啤酒的时候，动线也基本上是一条直线。

A 用百叶窗分隔书房

在睡眠区的床尾方向设置了书房。夜深人静的时候，可以放下桌前的百叶窗。仅考虑分隔的话，建造隔墙也是一个办法，但考虑到夫妻二人的沟通交流，还是百叶窗更方便。

B 大型衣帽间位于主卧与儿童房之间

从左手边的门进去，就是夫妇俩用的衣帽间部分。从右手边进去，则是孩子用的部分。孩子长大以后，可以将二者的使用部分中间加一道隔板。

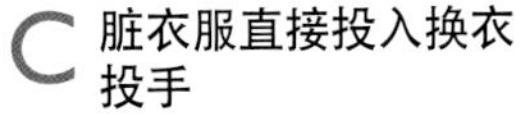

C 脏衣服直接投入换衣投手

盥洗室中设有换衣投手装置。打开它的盖子，把换下来的衣服投进去，直接就落到了一楼多功能空间中设置的洗衣篮之中。这一装置可以免去洗衣服时上楼拿的麻烦。

D 在墙面上开槽，用来挂毛巾

在浴室的墙上开一个槽，在槽两边各安装2根不锈钢暗销支架，在支架上各安放一根横杆。上方的横杆设在暗销支架的外侧，下方的设在内侧，上面挂较大浴巾时，也不会挡住下面的毛巾。

在床的两侧各设一扇门，方便去浴室。把常用的物品放在附近，彻底消除重复的动线

A 主卧室的尽头是书房，位于家中最靠内的地方，称得上是家中最尊崇的位置。从这里可以看到玄关，身居内室一样有家庭中心的感觉。B 这块空间用于存放每天穿的衣服，为了方便存取，设了两扇门。C 床的左右两侧都设有出入口，夫妻二人不必绕道另一边，可直接前往浴室。

对于韩国的这间主卧室，为消除动线上的重复现象，我们利用空间上的充裕，在床的两侧各设了一扇通往浴室的门。如果只有一扇门，那么必然有一个人要绕过床后才能去浴室，两扇门就可以直来直去地前往浴室和衣帽间了。

左侧远处的书房，这里的过道直接通往玄关。在首尔的这所住宅里，女主人身在家务用桌的位置，男主人身在书房，都可以对家中情况了如指掌。在床头的后面，是存放当天和第二天所穿衣服的空间，面积虽然不大，但也有两扇门，出入自如。

离玄关最远的房间是浴室。充裕的空间感，符合韩国人的审美观。使用这里的浴室，每天都能体味豪华的气氛。

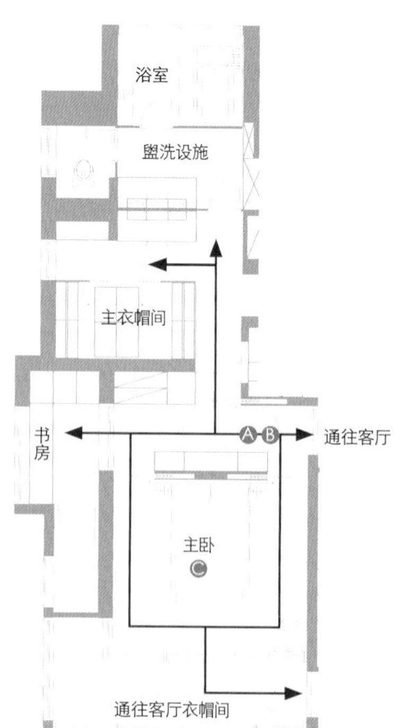

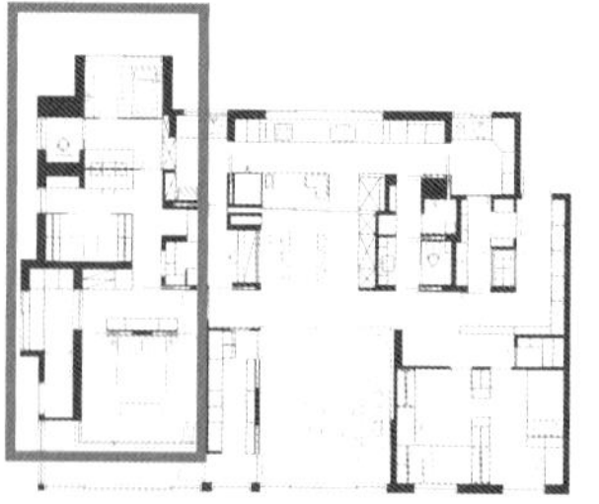

防止动线重合，打造闲适空间

有了两扇门，夫妻二人都可以直接前往主衣帽间和浴室。这不仅消除了动线上的低效率，还能防止二人的动线互相重合。在床头背后，还设置了能存放外衣和包的收纳柜。

近藤典子视角

主卧和盥洗设施的关系

为了身心的放松

把浴室设在主卧旁边，打造健康住宅

回家之后，泡一个热水澡，能让身心都得到全面的放松。对于一家的顶梁柱，当然希望他能获得一个悠然的入浴时间。可是在现实中，男主人加班回家已经很累了，但往往泡澡却并不那么容易……我建议把浴室设在主卧旁边，在健康管理上更进一步。

我的家

使用卧室的部分空间打造盥洗室

盥洗台，与之邻接的厕所和淋浴，都设在卧室的一角。面积非常小，但早上很忙的时候，就不必专门下楼，所有出门的准备工作都可以在卧室完成。

如果主卧附近无法设置浴缸，那就改成淋浴间

把浴室设在主卧的附近，最大的理由就是为了一家之主的健康。深夜归来，很多人都不想洗澡，但如果浴室就在卧室旁边，就能洗完后立刻休息了。

如果浴室和卧室不在同一层，那么在早上或深夜回家后想洗澡的时候，就会感到很麻烦。如果浴室就在身边，当然就不同了。

如果孩子还小，万一有个头疼脑热，或者尿了床，妈妈就要去照顾，自然盥洗室越近越好。如果孩子与大人睡在一起，就更不必说了。

上了年纪之后，卫浴设施在卧室旁边，就会让人安心。如果到了身体情况不佳，需要别人护理的时候，卧室旁边的卫浴设施更是绝对必要条件。

我和婆婆一起生活，考虑到她的身体，特意在她的卧室旁边设了浴室。现在，老太太需要别人护理，更让我觉得当初把浴室放在卧室旁边是一个正确的选择。

我家位于城市的中心地带，用地面积很有限，房子采用了地下1层、地上4层的5层结构。一楼是玄关，二楼是厨房、餐厅和客厅，三楼则是婆婆的卧室，四楼是我们两口子的卧室。因为主卧没有足够空间摆下浴缸，所以在卧室一角建了盥洗台，在旁边建了厕所和淋浴室。用起来真的很方便。

在卧室里，就能把洗淋浴、化妆、换衣服等事情全部做完。当晚上回家很晚，或者早上忙得像打仗一样的时候，真心觉得这种设计帮助很大。

如果由于某种原因，无法在主卧的附近修浴缸，或者像我家这样必须把浴室设在婆婆的房间旁边，导致自己的卧室离浴室太远时，我建议大家建一间淋浴室，面积小一点也没关系。只用淋浴的话，不到1㎡的面积也足够了。

任何时候，家人的健康都是第一位的。请你认真思考主卧与浴室之间理想的关系。

Closet（衣帽间）

换季时无需大动干戈，一个挂衣服的收纳空间

在家里，最难以收拾整理的就是衣服。

你有没有过这种经历？衣服太多，衣柜里放不下，只能装在透明的塑料箱，或者随便哪个家具的随便的哪块空隙里，结果要找一件衣服的时候，好像侦探破案那么难。

整理衣服无非两种方式：一个是挂起来，另一个是叠起来。挂起来的话，一眼就能看到，便于管理。

一般来说衣柜内部由横杆和搁架组成，但既然有了专门的衣帽间，不如彻底改为挂式的。把横杆的固定位置设计为能随便改变的，就能根据当下的潮流，一会儿挂短衣，一会儿挂长衣，一直用一辈子。不需要多大的地方，只要掌握基本原则，让你头疼的衣服整理就会方便得令你吃惊。

隔板能左右移动，收纳容量能更进一步

左边的图片是横滨的衣帽间，右边为韩国的案例分析住宅中的衣帽间。以中央的隔板为界限，夫妻二人各自使用。隔板还能左右移动，更增加了使用的效率。

收纳的思路

如果想要一个整洁清爽的家

基本原则就是“物尽其用、规模适当”

经常听到住户说，希望有更多的收纳空间，实际上也有人做了很多。但是这些收纳空间的问题是存取不便，最终造成各种物品的凌乱堆积。希望大家记住收纳的基本原则，那就是“物尽其用、规模适当”。

在制作收纳柜的时候，要根据所放物品的大小来调整搁板，大小适当，才能效果充分

哪里使用，哪里存放，这是物尽其用这一思想的出发点。而“适当”，则是收纳的大小正好能装下所放物品。例如要存放一个小瓶子，如果柜子太深，用的时候就很难找到，如果太浅，也许又放不进去……

设置能刚好放下物品的收纳柜，这是“规模适当”这个原则中的一大要点。

右边的表格列出了家庭中日常用品的标准规格。看了之后就会明白，盥洗室里的收纳柜，进深有 20cm 就足够了。衣帽间的收纳柜进深则需要 40cm，厨房周围则以 35cm 为标准。在各个位置设置合乎需求、数量合适的收纳柜，就能“物尽其用”，存取方便，同时还能做到外观好、不浪费。

进深	说明
20cm	· 最适合盥洗室的搁板→把洗脸毛巾叠好，正好放进去 →洗发水大瓶和卫生纸的话，能纵向放两个（φ80mm）小瓶则能放3个（φ60mm） · 适合餐具柜→中型饭碗（φ180～190mm）、拉面大碗（φ190mm左右）、茶杯碟（φ150mm）都能轻松地放进去
25cm	· 能放相册（大部分为W210mm） · 能放A4文件夹和普通的书、杂志
30cm	· 收纳箱的内箱 · 能前后摆放CD和影碟 ※市面上的一些收纳搁板的进深尺寸，并不一定适合日常使用。 · 在衣柜的内侧安装挂衣杆，在上面挂上衣架后，也不会碰到衣柜内壁（从衣柜内壁到挂衣杆的中心部的距离在300mm以上）
35cm	餐具、厨房用品、服装、相册都能收纳。 · 收纳西餐盘（φ350mm左右）和铁锅 · 竖着收纳保鲜膜盒（L315mm）等物品 ·（粘贴东西的）版纸相册能竖着放进去，不会突出来（W325mm左右） · 能放鞋柜（W200mm×D325mm×H120mm） · 能放A4的文件夹 （→因此在这里能存放各种杂物）
40cm	· 折叠后的服装（衬衫、毛衣、运动服等）所需尺寸 · 正好是胳膊肘到指尖的距离，因此取东西方便 · 能轻松放入皮包（能放A4文件），纵向摆放 · 能平放（防潮用的）帖纸

在收纳的时候，了解物品的尺寸非常重要。如果柜子的尺寸与物品不符，就会过大或过小，存取困难。

避免物品“泥牛入海”，充分发挥其实用价值的“L 型收纳”和“I 型收纳”

在你的家里，有没有东西放在柜子的深处，很多年都没用过的？如果是的话就太可惜了，因为物品要使用，才具备价值。

解决办法是设置 L 型收纳柜。在收纳空间里，收纳柜呈 L 型，空下来的地方就可以站人，收纳柜的情况一目了然，你可以随时检查物品的存放情况，取放也很便利。

另一种类型则是 I 型收纳柜，两排收纳柜一前一后地立在一起。要放大件，则把前后的搁板放在同一平面上。长而不厚的物品则放在后面的搁板上，前面的搁板可根据要放的物品而改变高度。缺点是要取后面的东西，必须把前面的东西拿开，但如果物品是风扇等季节性用品，则每年只需费一两次功夫就够了。在改变搁板位置的时候，如果搁板是大块的会不方便，使用两块小搁板就没这个问题了。

L 型适于经常使用的物品，而 I 型则适合不太常用的，各有优点，希望大家能灵活使用。

L 型收纳

要收纳，就必须搭收纳柜，也许这么做有些麻烦，但它能把空间收拾得干干净净。请把L型收纳柜放在经常走动的位置，存放平日常用的物品。

I 型收纳

使用时可根据物品的尺寸来自由调整搁板间隔。后面放很少用的或季节性物品，前面放常用物品。整理书桌时，I型收纳也很方便。

在神户的案例分析住宅中如何体现“物尽其用、规模适当”

作为“物尽其用、规模适当”的好例，我们来学习一下神户的案例分析住宅中的收纳空间吧。在一楼的玄关周围、厨房周围、客厅衣帽间以及日式房间，都有充分的收纳空间。车库里面还能存放兴趣爱好用品。在二楼的各个房间，以及盥洗室、楼梯的缓步台，也都设有收纳空间。

很多人都会选择在楼梯下方存放物品，但缺点是存取困难，而且里面较深，一不小心就成了废物堆，因此需要设计一个存取方便的机制。要收纳客厅用品，客厅衣帽间自然是首选，但遗憾的是，神户的这幢住宅里，客厅没有相应的空间。因此在设计的时候，我们把客厅衣帽间设在了楼梯下方。为了存取方便，特地把开口放大，在里面设了L型收纳柜，使用者可以一直走到最深处。

使用I型收纳的是主卧的书房部分，以及儿童房的书桌周围。两边都使用宽35cm的搁板，放一块就是书架，并排放两块则成为写字台。如果今后不再需要书桌，则这部分空间也可以当收纳空间来使用。

神户

最大限度地活用窄小面积

这幢住宅是老人同居型住宅。在无法获得充分面积的情况下，认真分析了能作为收纳空间的位置，设计了位于楼梯下方的客厅衣帽间、从两个方向都能使用的收纳柜等，在细节上下足了功夫。

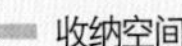

收纳空间
L型收纳
I型收纳

书房中的桌子也是I型收纳

书房位于主卧通往盥洗室的过道上。使用宽度35cm的搁板，两块拼起来就是桌面。再安上挂衣杆的话，还可以当衣柜使用。

盥洗室收纳间的门是斜着安放的

这里的四方形收纳空间被斜着切去了一个角，在这个位置安一扇门。采用L型收纳，就有这种好处。

主衣帽间主要用来挂衣服

主卧里的衣帽间中，设有能随时改变位置的挂衣杆，可根据衣服的长短自由设置。能挂2列甚至3列，容量相当大。

2F

儿童房　楼梯井　EV　盥洗设施　主卧　主衣帽间　阳台

1F

学习空间　客厅　日式房间　兴趣间　EV　多功能空间　厨房　餐厅　中庭　车库　自用玄关　玄关　门廊

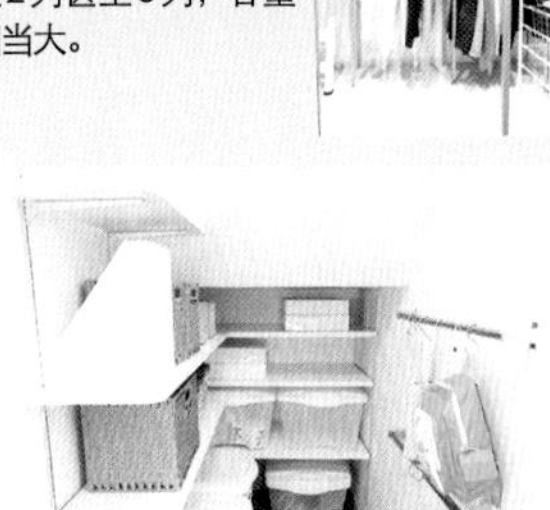

楼梯下方的收纳间开口很大而面积宽敞，在其中设有L型收纳柜

这部分空间被当作客厅衣帽间而使用。进深很大，因此采用大开口，并设L型收纳柜。出入方便不说，所有存放的物品都能一目了然。

在一个空间里实现两处收纳

后门与厕所的收纳柜，上下部分的用途不同，两者背靠背设置，嵌在墙面里。上方存放厕所用品，下方则放后门用的拖鞋。

厨房吧台可收纳餐具

厨房的吧台采用了从客厅方向也能存取的类型。家人、客人都能帮忙摆放餐桌。

儿童房的桌子为I型

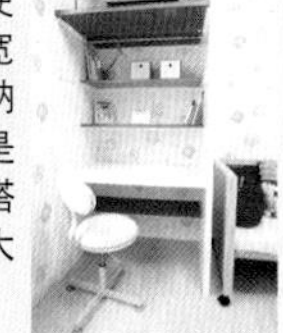

儿童房的桌子，使用两块拼在一起的、宽35cm的木板。在收纳柜上搭一块木板，就是书柜 在最上方并排搭两块板，就可以存放大件。

在装饰照片的位置存放相册

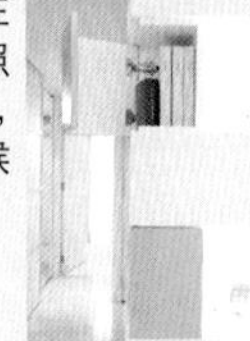

拾级而上，可以在墙上看到全家福等照片。相册放在这里收纳，想更换装饰照片的时候就方便了。

卧室和过道都能使用的收纳柜

在主卧和过道之间安一扇门，设一个收纳柜，让两边都能伸手可及。在过道一侧，还可以挂出门穿的外衣。

兴趣间里是L型收纳柜

兴趣间位于车库后面，里面采用L型收纳柜。存放的东西一目了然，方便主人随时取用。

日式房间的下面均能用于收纳

日式房间的榻榻米，使用了铺在箱座上的榻榻米。箱座本身具备收纳功能，规格分别是0.91m×1.82m、0.91m×0.91m（分别是一个和半个榻榻米的大小）。前者能存放被子，后者用来存放坐垫或小物件。

取下搁架，用不锈钢暗销支架、挂衣杆和搁板，为自己量身打造一个能自由改变挂衣位置的衣柜

男式服装的肩宽约为 55 ～ 60cm，而衣柜的进深则一般为 70cm 左右，这样就会稍微留下些富余空间。不过近藤典子可是一个很“毒”的人，绝不会坐视这些空间被浪费。

在这里使用的是不锈钢暗销支架、搁板和挂衣杆。暗销支架上很密集地开有小孔，搁板销和挂衣杆能根据所放物品的尺寸，自由地插在其中的任何一个小孔里面。暗销支架的安装位置，是由衣柜开口从外到里，分别为 2cm、31cm、60cm 的位置。在位于 31cm 处的暗销支架上插入挂衣杆（在暗销支架的中心点上）。挂衣杆之间的位置应上下交错，挂衣服的实用容积就会加倍。

如果衣柜的开口宽度为 180cm 左右，则挂衣杆长度也会是 180cm，就有可能因衣服的重量而弯曲，因此需要再立一根暗销支撑柱进行支撑。暗销支撑柱不但能解决挂衣杆的变形问题，还可以在其左右两侧设置高度不同的挂衣杆，从而根据季节或使用者对服装类进行区分，方便管理。

在衣柜两侧也可以设较短的挂衣杆或搁板，放包或服装以外的其他用品。

可以挂 4 种长度不同的衣服

衣柜净高为 240cm。男性的外衣挂在上面，约有 100cm 的高度，因此上下各挂一层，空间还是很充裕。即使挂 130cm 长的风衣，下方依然有 100cm 左右的空间，可以用来挂衬衫。

单位：mm

平面图

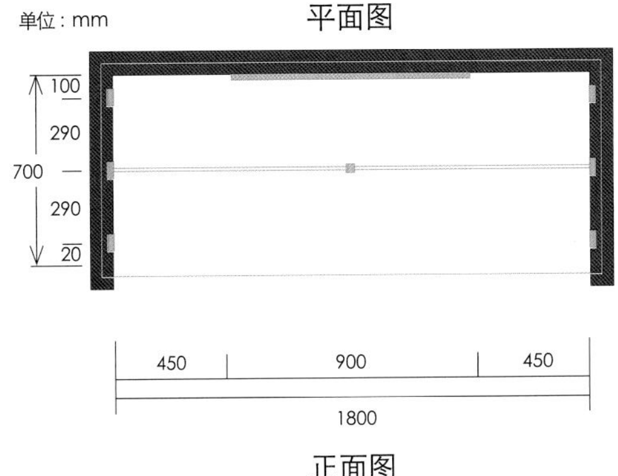

不锈钢暗销支架的位置，应从外侧测量而决定

不锈钢暗销支架的安装位置如左图所示。也可以根据情况改建现有的衣帽间。衣帽间的进深可能出现微妙的变化，就需要从门口测量暗销支架的位置，如果最后内部还留有多余的空间，那就先空着，另有用处。

正面图

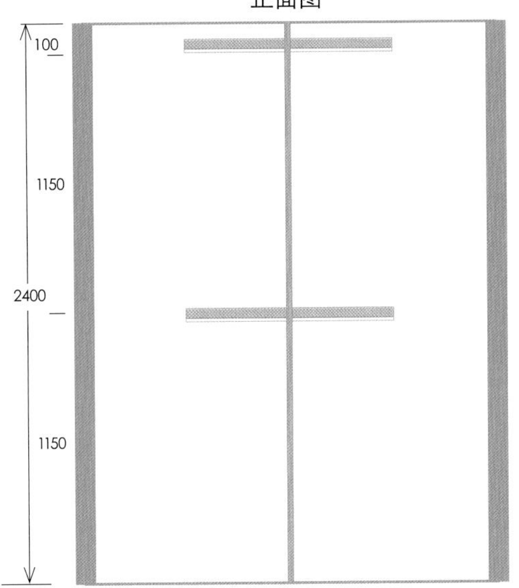

侧面图

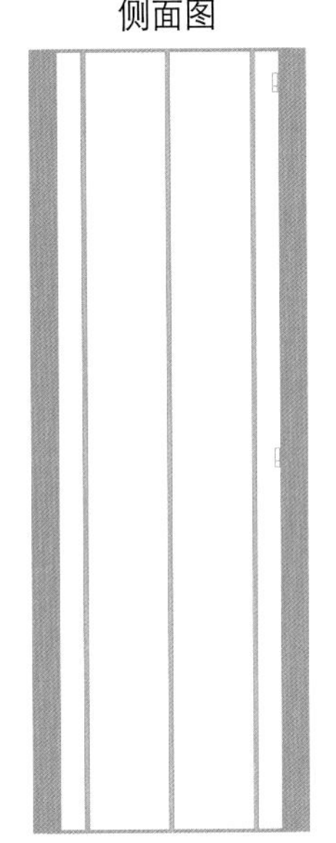

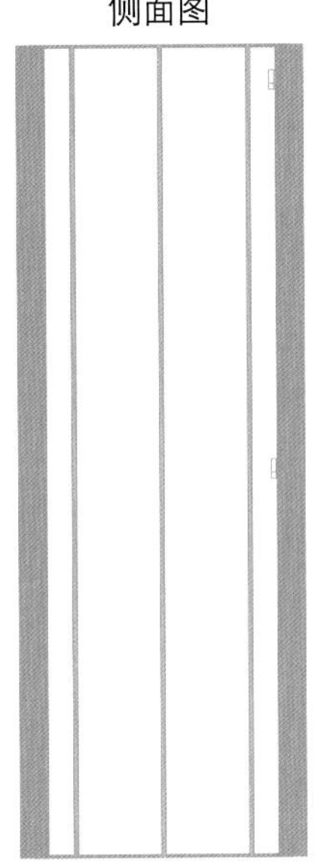

在衣帽间里侧的墙上安上横木板条，有效利用死空间

在衣帽间的墙上安上横木跳板，就能有效地利用后方的死空间了。在这个位置可以挂参加婚礼、葬礼等各种仪式时才穿的礼服，或是其他很少使用的衣服，在临时急需的情况下就不会手忙脚乱。当然，也可以在挂过季服装，比如在春夏秋之际挂挂冬天穿的大衣。

※本页中介绍的收纳用具，为大和房屋公司与近藤典子共同开发的产品。

（宽度 1.8m 的衣帽间）

各种组合方式：一个人用，还是两个人用？毛衣类不能挂着存放，在这里如何处理？这些问题的答案就在下面！

1.8m 是一个榻榻米的长度，宽度只有这么大，应该怎样安排收纳方式呢？这里介绍的收纳模式，最大的魅力就是能够自由地改变挂杆和搁板的位置，根据家里的衣服进行自由组合。流行趋势会跟着时代而变化，今年短明年长的大衣或裙子，都可以通过调整内部的挂衣杆位置而获得紧凑高效的收纳空间。

现有的固定挂杆式衣帽间，使用时必须根据里面的布局来调整收纳方法。但是采用我们的模式，能以现有衣类为出发点，对衣帽间进行自由调整，就不必削足适履了。

衣帽间分为上下两层，两侧和正面墙面上也可灵活使用，有效容积瞬间大增。增加了挂衣杆后，可以收纳此前 1.5 倍的衣服。

像毛衣这样不能挂的衣服，它的收纳位置也会影响衣帽间的使用方式。

通过 1.8m 宽的空间来掌握收纳的基本原则，就可以在更大更宽的空间灵活应用了。但需要注意的是，衣帽间太多，就会占去放家具所需的靠墙空间。如果你家里的衣服很多，又想多放家具，那么在建筑设计阶段，就应在房间布局上专门设一间大型衣帽间。

被门遮挡的部分，也能充分利用

衣帽间使用折叠门，则门背后的两侧空间很容易被遮住，形成死空间。解决办法是在墙上安搁板或挂杆，空间就不会被浪费了。搁板上可以存放包等小物品，挂杆则可以用来挂裤子类、领带或围巾等。

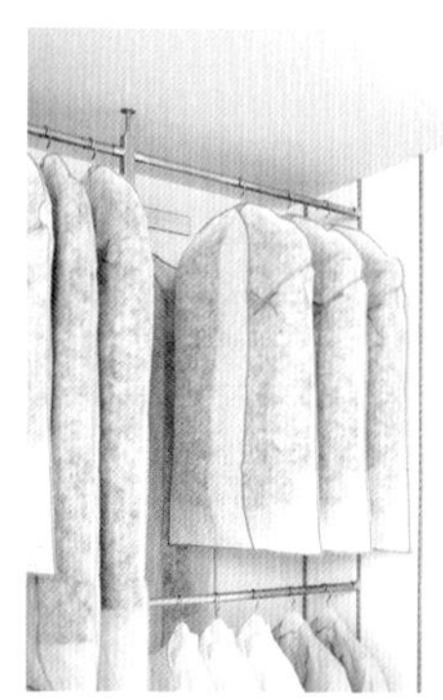

充分使用从上到下的所有空间，提高收纳容积

在中央立一根暗销支撑柱，则左右各安2根挂衣杆，总共能挂4种不同长度的服装。与只有一根挂衣杆相比，能挂的衣服总量就是之前的两倍。在两侧挂裤子之类的话，总量还能进一步增加。

[夫妻二人使用]

本模式对两口子的衣服不加区分，上衣、裤子类、包等有各自的存放位置。在左侧墙面设有搁板和挂衣杆，存放包和裤子类 右侧墙上的挂衣杆挂腰带、领带和围巾等物品。

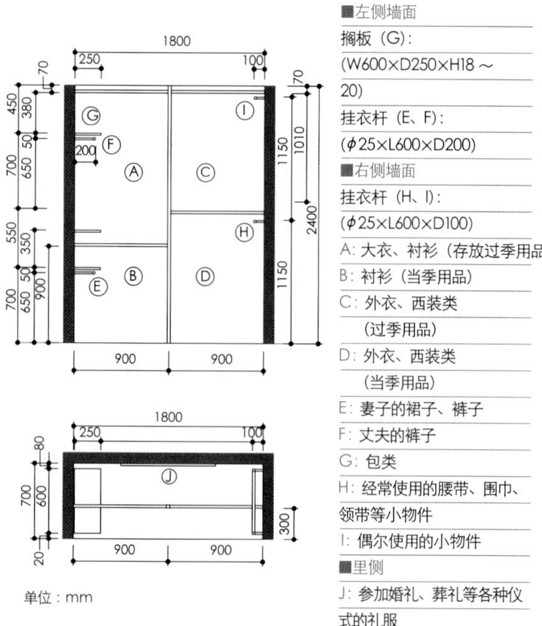

■左侧墙面
搁板（G）：
（W600×D250×H18～20）
挂衣杆（E、F）：
（ϕ25×L600×D200）
■右侧墙面
挂衣杆（H、I）：
（ϕ25×L600×D100）
A：大衣、衬衫（存放过季用品）
B：衬衫（当季用品）
C：外衣、西装类（过季用品）
D：外衣、西装类（当季用品）
E：妻子的裙子、裤子
F：丈夫的裤子
G：包类
H：经常使用的腰带、围巾、领带等小物件
I：偶尔使用的小物件
■里侧
J：参加婚礼、葬礼等各种仪式的礼服

4 [一人使用]

本模式适宜拥有很多衣服的一个人。完全不设搁板，当季用品放在容易拿取的位置，过季用品则放在两侧的上方，通过摆放位置来将两者区分。换季时则位置对调。

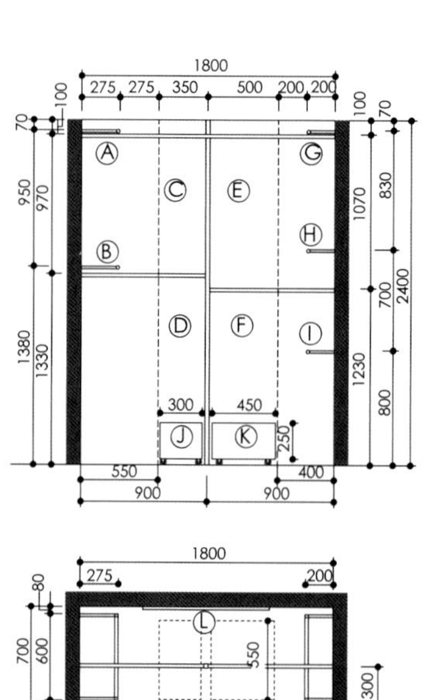

■左侧墙面
挂衣杆（A、B）：
ϕ25×L600×D275
■右侧墙面
挂衣杆（G、H、I）：
ϕ25×L600×D200
A：衬衫类（过季用品）
B：大衣
C：衬衫类（偶尔穿的用品）
D：衬衫类（当季用品）
E：外衣、西装类（过季用品）
F：外衣、西装类（当季用品）
G：裤子、裙子（过季用品）
H：裤子（当季用品）
I：裙子（当季用品）
J：带轮收纳箱（W300×D550×H250）存放干洗后的衬衫
K：带轮收纳箱（W450×D550×H250）存放包等小物件
■里侧
L：参加婚礼、葬礼等各种仪式的礼服

2 ［夫妻二人使用］

两人各使用一半衣帽间的模式。两侧设有放置包等小物件的搁板，以及挂腰带、领带和围巾等的挂衣杆。上衣存放在上方，裤子类挂在下方，剩余的空间设置抽屉。

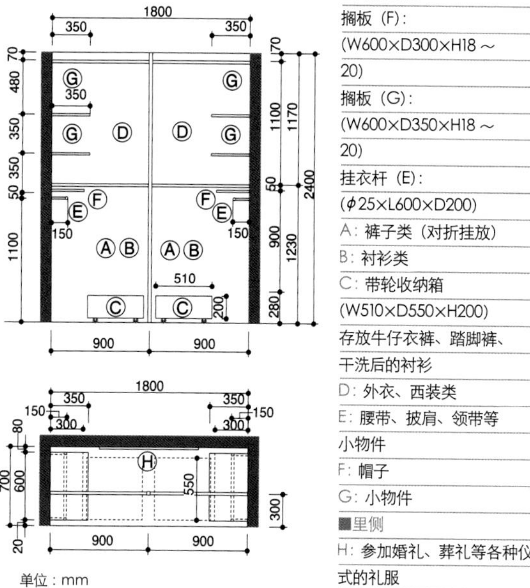

单位：mm

■两侧墙面

搁板（F）：(W600×D300×H18～20)

搁板（G）：(W600×D350×H18～20)

挂衣杆（E）：(ϕ25×L600×D200)

A：裤子类（对折挂放）

B：衬衫类

C：带轮收纳箱 (W510×D550×H200) 存放牛仔衣裤、踏脚裤、干洗后的衬衫

D：外衣、西装类

E：腰带、披肩、领带等小物件

F：帽子

G：小物件

■里侧

H：参加婚礼、葬礼等各种仪式的礼服

3 ［夫妻二人使用］

两口子有很多衣服时采用的模式。裤子类打两次对折后挂在衣架上，左侧从而能挂4层服装，保证紧凑地存放大量的衣服。包和小物件另放别处。

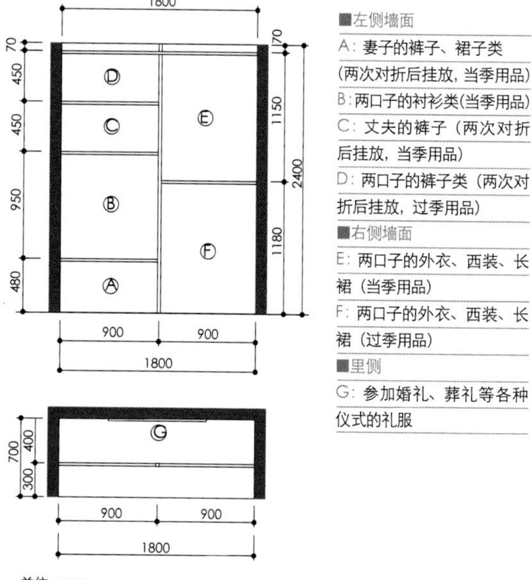

单位：mm

■左侧墙面

A：妻子的裤子、裙子类（两次对折后挂放，当季用品）

B：两口子的衬衫类(当季用品)

C：丈夫的裤子（两次对折后挂放，当季用品）

D：两口子的裤子类（两次对折后挂放，过季用品）

■右侧墙面

E：两口子的外衣、西装、长裙（当季用品）

F：两口子的外衣、西装、长裙（过季用品）

■里侧

G：参加婚礼、葬礼等各种仪式的礼服

5 ［一人使用］

本模式在两侧设置搁板和挂衣杆，还能收纳小物件和小型的带轮收纳箱。把当季服装放在挂衣杆下方，过季用品则放在杆上方，到了换季的时候只要对调上下位置就可以了。

单位：mm

■两侧墙面

搁板（G、J）：(W600×D250×H18～20)

搁板（I）：(W600×200×H18～20)

挂衣杆（B、F）：(ϕ25×L600×D200)

A：衬衫类（过季用品）

B：裤子、裙子（过季用品）

C：西装、外衣类（当季用品）

D：西装、外衣类（过季用品）

E：衬衫类（当季用品）

F：裙子、裤子类（当季用品）

G：常用小物件

H：带轮收纳箱等（小型）

I：很少用的物品（过季用品）

J：偶尔使用的物品

■里侧

K：参加婚礼、葬礼等各种仪式的礼服

6 ［孩子（小学2、3年级）使用］

孩子的衣服较短，可以分成3层来挂，因此空间充裕。左侧设搁板，放很少使用的包或小物件，下方放入抽屉型衣箱，存放能折叠的衣物。

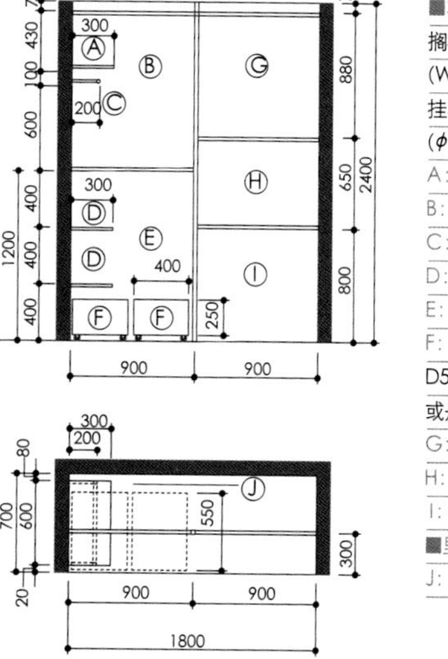

单位：mm

■左侧墙面

搁板（A、D）：(W600×D300×H18～20)

挂衣杆（C）：(ϕ25×L600×D200)

A：包、小物件

B：上衣

C：裤子类（对折）

D：包、帽子、小物件

E：大衣、运动衣

F：带轮收纳箱等（W400×D550×H250），容易增加的或是能折叠的衣物

G：衣服（过季用品）

H：上衣（当季用品）

I：裤子类（当季用品）

■里侧

J：备用大衣

孩子的房间里永远散落着各种物品。在此处的处理方法，是要把房间进深做得大些，前后分成两部分，横向分成三部分。再加一个推车，把能折叠的衣服放进去

儿童房里的东西比大人的还多。有玩具，有去上学或兴趣班用的东西，还有书本、漫画和衣服等。要打造一个孩子能自己收拾得干干净净的空间，就要把所有这些物品分类，并放在指定的位置上。因此，应该把整个空间分割为几个小块。

大人的衣服约有 55 ～ 60cm 宽，因此在安装不锈钢暗销支架的时候，应把位置定在里外侧约 30cm 的地方，然后再在上面安挂衣杆。但如果大人和孩子共用衣帽间，衣服宽度取 57cm，所以要在 28.5cm 的位置上安暗销支架。衣帽间的进深为 85cm，所以在内部还能剩余约 28cm 的空间，正好在这里固定存放玩具、书等物。把前面的衣服拨开，里面的玩具伸手可及。

把正面的内侧空间分为三等份，竖起暗销支撑柱，左右两侧放衣服，中间放入带轮子的推车，能折叠的服装就放在里面。

如果室内空间不足，没法放入大的收纳箱，那么把带轮子的推车放在衣帽间，也一样发挥作用。

带轮子的推车，移动方便

推车带轮子，因此要把里面的东西拿出来的时候，可以连推车一起拉出来。当季用品放在容易够着的位置，过季品可以放在高处。换季的时候对调一下位置就解决了。

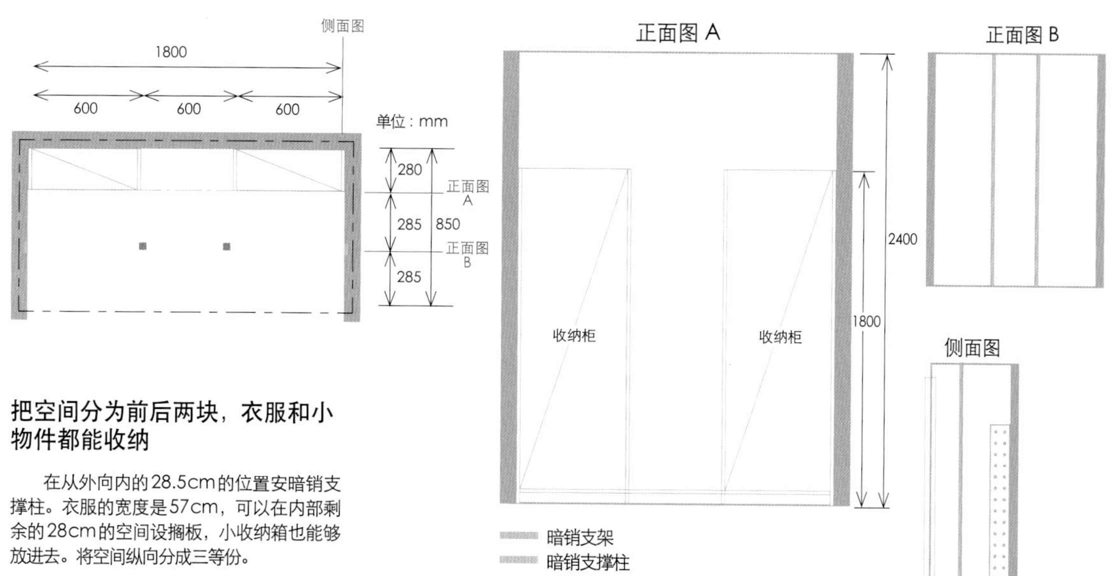

把空间分为前后两块，衣服和小物件都能收纳

在从外向内的28.5cm的位置安暗销支撑柱。衣服的宽度是57cm，可以在内部剩余的28cm的空间设搁板，小收纳箱也能够放进去。将空间纵向分成三等份。

外侧空间均采用挂衣杆，能大量收纳挂的衣服

如果空间足够，能放置大收纳箱，那么在中间部分也搭上挂衣杆，扩大挂衣服的空间。即使今后随着孩子长大，衣服变大变多，也足够应对。

如果想收纳很多小物件，则在中央部分搭上搁板

如果房间里能放置大收纳箱，可以在中间部分搭一个直达墙边的搁板，用来存放小物件。在下边放一个带轮子的抽屉型收纳箱，把能折叠的衣服收纳在里面。

※本页中介绍的收纳用具，为大和房屋公司与近藤典子共同开发的产品。

既能挂衣服，还能像形象设计师一样，帮你梳妆打扮。如何确保通道部分的面积，是一个关键问题

到底是选择带内部过道的大型衣帽间，还是选择普通规格的敞口衣帽间，这是一个问题。如果有 $5m^2$ 左右的空间，作为普通衣帽间就能装很多东西了，如果要像大型衣帽间那样在中央加一条过道，面积上就会有困难。但在 $5m^2$ 的空间内建普通衣帽间，门口宽度就需要 540cm，这就造成没有设墙的余地，导致缺乏在墙边摆放家具的可能了。

还有一点差异很大。普通的衣帽间收纳衣类及相关小物件，而大型衣帽间则除了服装类之外，还能收纳相当大的物品。

再考虑了这些因素之后，再选择符合自己需求的规划吧。

要选择大型衣帽间，就必须考虑如何确保过道的空间。能走进去，自然选择衣物时会更方便，但有了大型衣帽间，其实是可以直接在里面换衣服的。像形象设计师一样选择衣服，并能在里面更换，卧室自然能保持整洁。在不影响收纳功能的前提下，如何确保一条足够宽的过道，是需要认真思索的。

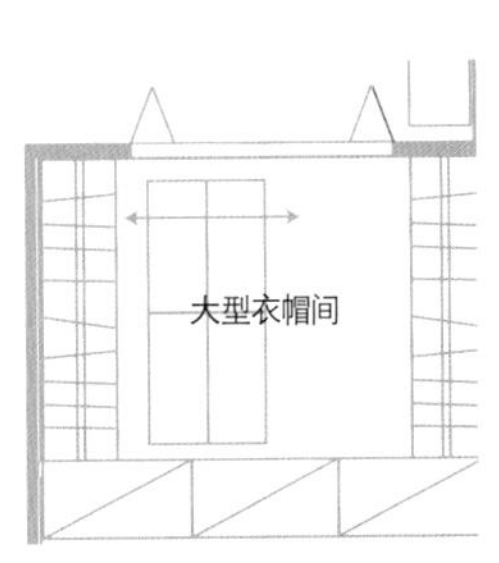

正面、两侧和中央，都有巨大的收纳容积

如果仅仅在正面设搁板，两侧各自设置挂衣杆，那么中央的部分就白白浪费了。因此在这里一样要设置收纳架。收纳架一旦固定好，就很难挪动了，因此不要固定，确保它能向左右滑动，就有了更多的实用空间。

不锈钢暗销支架和暗销支撑柱的用法

在大型衣帽间里，收纳架宽度一律统一为 40cm

在大型衣帽间内设置暗销支架的时候，应在墙边钉1根，接着在40cm外再钉一根，这样就能将宽度为40cm的搁板搭上去了。40cm的进深，能很顺畅地存放折叠好的衣服。另外，推车的进深一般也是40cm左右，正好能放在收纳架的下方。还有一点，上衣的宽度多为60cm，裤子多为40cm，因此把收纳架排在挂裤子位置的线上，不但美观多了，空间利用效率也会大大提高。

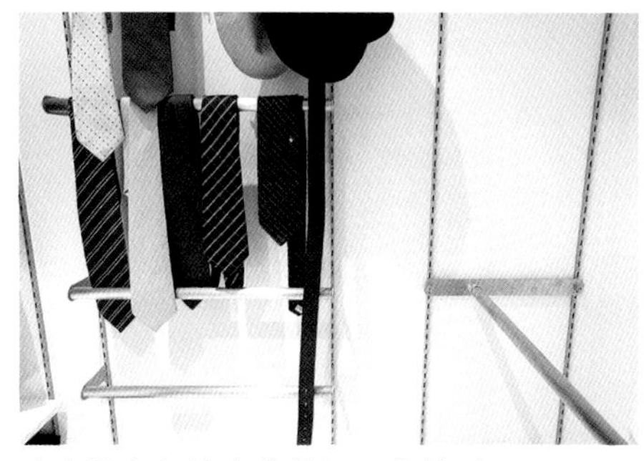

改变挂衣架的安装位置，有效利用空间

按40cm的间隔在墙上钉入暗销支架，然后在上面设置挂衣杆时，要使用结合板。结合板上每隔10cm开一个孔，能把挂衣杆直接插上去。在挂裤子的时候，要把挂衣杆插在中间的孔里 在挂上衣的时候，则插在距墙面30cm的孔里。同一套工具，只要改变插孔位置，就能提高空间的有效利用率。

关于大型衣帽间的几个想法：

1 如果想尽可能地用挂的方式收纳衣服，就应选择普通衣帽间

在面积相同的情况下，普通的敞口式衣帽间与大型衣帽间相比能收纳更多的衣服，因为前者不需要过道。把普通衣帽间所有的门都打开，所有的衣服都能一目了然，这也是普通衣帽间的长处。

2 如果想在墙边放家具，那就选择大型衣帽间

住宅中的普通衣帽间越多，墙面就会越少。如果想在墙边摆放家具，就需要计算是否有足够的墙面供普通衣帽间使用。要想在墙边多摆放家具，还是大型衣帽间更实用。

3 除了衣服之外，还想收纳别的物品，则大型衣帽间更好

普通衣帽间的进深有限，原则上只能收纳衣服类。而较大的旅行箱、大型的抽屉，或者体积较大的文娱体育用品，则有可能放不进去。如果除了衣服之外你还想收纳别的物品，那么大型衣帽间当然占优势。

4 不喜欢天天收拾整理的人，选大型衣帽间

大型衣帽间的优点，是能够在里面换衣服，因此卧室等处就不容易太散乱。如果家里只有普通衣帽间，就要在别处换衣服，必须随时收拾整理。所以不喜欢经常收拾的人，请选择大型衣帽间。

5 在选择之前，先要明确想收纳什么东西，收纳多少

在确定衣帽间的面积时，必须掌握收纳物品的量。如果毛衣等能够折叠的衣服多，那么就需要抽屉类收纳用具或搁板。所有收纳空间的大小和形状，取决于你要收纳多少东西。在作出决定之前，请先对自己的衣服的量和种类加以确认。

6 打造有功能弹性的空间，就能应对多种需求

不管选择的是普通衣帽间也好，带过道的大型衣帽间也好，只要做到利用不锈钢暗销支架，对挂衣杆和搁板进行自由调整，那么即使衣服的长短因时尚潮流的改变而变化，也能灵活应对。如果有一天不再需要衣帽间，依然能给它赋予其他功能，岂不快哉。

7 比起日式衣柜，我更愿意推荐带轮子的抽屉式收纳箱

如果要在大型衣帽间收纳能折叠的衣服，那么请将搁板、抽屉式收纳箱或推车放在大型衣帽间里。底部带有轮子的话，打扫起来也方便。衣服之所以会脏，是因为沾了灰尘后又碰到了湿气。避免灰尘的堆积，是衣类保管的关键。

各种组合方式：上衣和裤子类放在不同的区域！通过搁板、挂衣杆和推车，把小物件一网打尽

之所以向大家建议把上衣和裤子类分别挂放，并不仅仅因为两者混挂，找裤子时就会很麻烦。更主要的是，分别挂的话，大型衣帽间会顿然变得更宽敞。

上衣的宽度约为 60cm，裤子类约为 40cm。如果在开口宽度为 180cm 的大型衣帽间的两侧混挂的话，左右两边宽度都是 60cm，中间的过道自然只有 60cm 了。60cm，大约是两手重合在胸口时两肘之间的距离，人能通过，但感觉还是有些狭窄。如果一边挂上衣，另一边挂裤子，则过道一下子就宽了 20cm，就能轻松地在里面收拾整理或换衣服。

无论衣帽间面积如何，使用的收纳用材料基本上也只是前面介绍过的不锈钢暗销支架、暗销支撑柱、挂衣杆、结合板及搁板。一般来说，挂衣杆的长度为 90cm，搁板长 90cm，宽 40cm 就可以了。这样的收纳架，能放 3～4 件衬衫，还能放包。进深 40cm，宽 90cm 的收纳架的下方，也足够放进市面上销售的推车。

如果衣帽间的面积为 $3.5m^2$ 左右（两张榻榻米的面积），可以在墙面上按 40cm 的间隔安不锈钢暗销支架，在距墙 90cm 的地方立一根暗销支撑柱，就还能有 80cm 左右的剩余空间。对于剩余的空间，可根据家中衣服的种类选择收纳措施。如果要挂的衣服很多，则使用挂衣杆，如果能折叠的衣服多，则使用抽屉式收纳箱，或者搭起搁板。这里有一点需要注意：收纳架应与裤子类放在同一侧，因为它们的宽度都是 40cm。

如果衣帽间面积为 $5m^2$ 左右（三张榻榻米），则可以立两根暗销支撑柱，还能有 80cm 的剩余。总共形成 4 个 90cm 宽的空间，在其中可以自由地对 90cm 的挂衣杆或搁板进行组合使用。总而言之，统一了工具的规格，就能在各处轻易地通用。

这两种情况下，过道都能具有 70cm 以上的宽度，在里面换衣服就方便了。在空置的墙面或暗销支撑柱的侧面安上镜子、收纳网或者挂衣杆的话，也能收纳领带、围巾等物品。

图中的尺寸仅供参考，请根据你家里的空间进行规划。

[$3.5m^2$ 的衣帽间]

图中绿色的部分为使用了 90cm 的挂衣杆或搁板的空间，黄色部分为剩余空间。把黄色部分空间设在门口附近，用来挂大衣或放包，在动线上效率也会更高。

1

如果门在中央，则左侧为上衣，另一侧为挂裤子类的空间，剩余部分则可以搭收纳架，或是放入推车。挂上衣的杆分为上下两根，裤子如为三折叠，则挂衣杆可以为上中下三根。

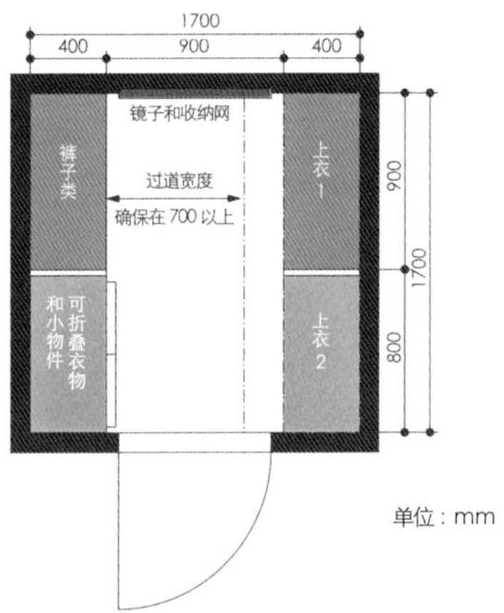

上衣 1：挂衣杆（φ25×W900）2 根
裤子类：挂衣杆（φ25×W900）2、3 根
搁板（W900×D400）1 块
可折叠衣物和小物件：推车（W370×D450×H900）2 台
搁板（W800×D400）4 块
上衣 2：挂衣杆（φ25×W800）2 根

2

如果门在衣帽间一角，则门旁边不能作为收纳空间使用。可在门口处的墙或最里面的墙上设镜子或收纳网，存放小物件，或者安上挂衣杆，用来挂腰带、围巾或领带。

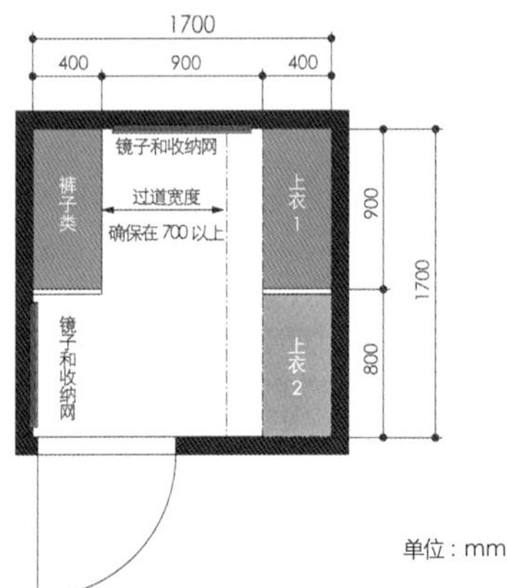

上衣 1：挂衣杆（φ25×W900）2 根
裤子类：挂衣杆（φ25×W900）2 根
搁板（W900×D400）1 块
上衣 2：挂衣杆（φ25×W800）2 根

[5m² 的衣帽间]

可以拥有4个宽度为90cm的空间，而蓝色部分则为剩余的80cm空间。与上两图中的黄色部分一样，蓝色的部分也应设在门口附近，用来放大衣或包。

1

如果门在中央，衣帽间正面很宽，那么就在门对面设收纳架和推车，左侧为妻子用，右侧丈夫用，或者左侧放春夏的衣物，右侧放秋冬的。如此进行区分，使用、管理起来会很容易。

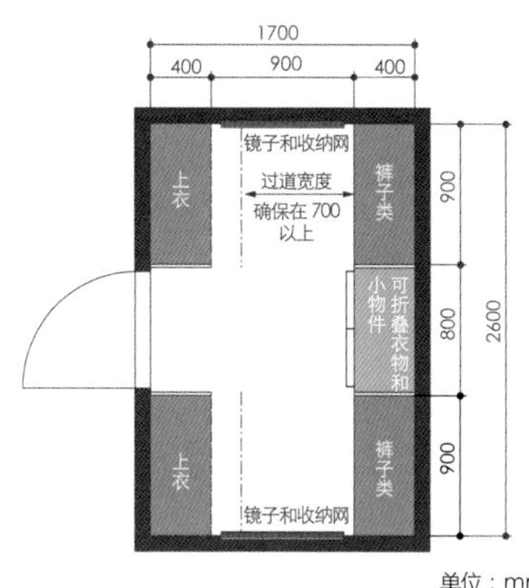

上衣：挂衣杆（ϕ25×W900）2 根

裤子类：挂衣杆（ϕ25×W900）2 根

搁板（W900×D400）1 块

可折叠衣物和小物件：推车（W370×D450×H900）2 台

搁板（W800×D400）4 块

2

如果门在中央，衣帽间宽度小、进深大，则左右两侧分别放上衣和裤子类。门附近是目光难及的部分，可以设收纳架或推车，或者用作挂大衣的空间，用起来就方便了。

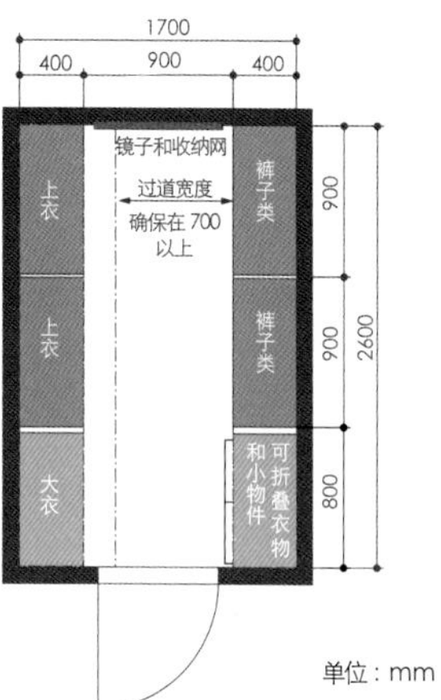

上衣：挂衣杆（ϕ25×W900）2 根

裤子类：挂衣杆（ϕ25×W900）2 根

搁板（W900×D400）1 块

大衣：挂衣杆（ϕ25×W800）2 根

搁板（W800×D400）2 块

可折叠衣物和小物件：推车（W370×D450×H900）2 台

搁板（W800×D400）4 块

3

如果衣帽间正面较宽，门在一角，则右侧放裤子类，蓝色部分为推车(放可折叠衣物)或收纳架(放包)，过道就不会忽宽忽窄，容易保持平直了。如果用右侧放上衣，还可以在这里挂大衣。

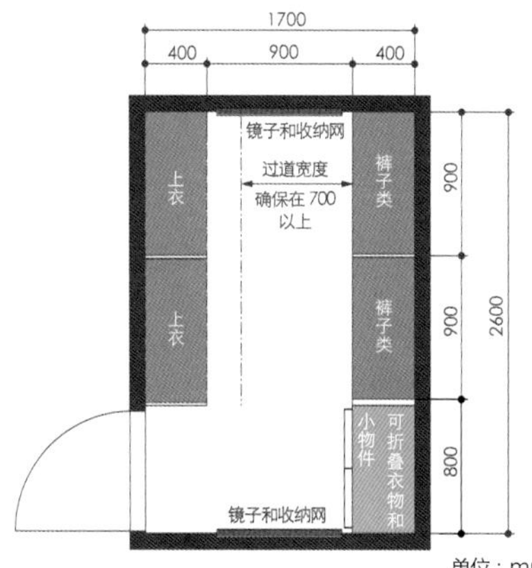

上衣：挂衣杆（ϕ25×W900）2 根

裤子类：挂衣杆（ϕ25×W900）2 根

搁板（W900×D400）1 块

可折叠衣物和小物件：推车（W370×D450×H900）2 台

搁板（W800×D400）4 块

4

此处门在一角，衣帽间宽度小、进深大。如果要在里面放高度直达顶棚、进深60cm、使用金属篮的推车，则把上衣和裤子类的位置对调。大型推车的收纳能力与普通日式衣柜不相上下。

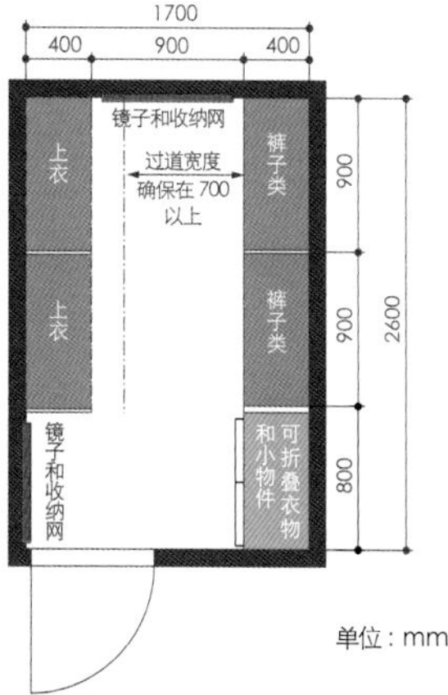

上衣：挂衣杆（ϕ25×W900）2 根

裤子类：挂衣杆（ϕ25×W900）2 根

搁板（W900×D400）1 块

可折叠衣物和小物件：推车（W370×D450×H900）2 台

搁板（W800×D400）4 块

Children’s Room（儿童房）

能根据孩子的成长而变化的弹性空间

兄弟姐妹在一个房间里生活，共同创造人生的记忆。随着年龄的增加，生活方面也出现了时间差。最好能根据兄弟姐妹的人数和年龄，将房间进行分隔。每个隔间都应该紧凑方便，保证孩子们在里面休息、更衣、学习。

单间小一些，另外再打造一个宽敞的共用空间。这就是孩子们专用的“儿童专用客厅”。孩子们共享这个空间，感情也会日益加深。

儿童房还有一个必需品，就是孩子们专用的壁橱。孩子们不断成长，每年都会增加各种物品，需要有一个空间来存放。父母每年都要把里面的东西整理一遍，这是很重要的工作，也给家长提供了一个与孩子们合作劳动的宝贵机会。

一间屋子两扇门

考虑到今后的变化，应该预先在同一间屋子的两个位置各安一扇门。预先做了准备，需要的时候就可以对推拉门、平推门或家具加以改造，免去了改建整个房间的麻烦。

BANG BOOM
BANG BOOM
BANG BOOM
BANG BOOM
한별

以韩国的集合住宅为参考，探索打造儿童房的应有思路

令人遗憾的是，在日本的样板房及住宅展示厅等地方，由于空间或其他因素的限制，很少有涉及儿童房的住宅规划方案。

幸运的是，我有缘参与了韩国的住宅规划，终于能有机会把自己多年来对儿童房的想法变成了现实。虽然韩国的集合住宅在面积和生活方式上与日本有所不同，但对于儿童房的基本思路还是一样的。

“尽可能让兄弟姐妹住在同一间屋子里”。其实在漫长的人生之中，孩子们能住在一起的时间非常有限。所以我们做家长的，都希望他们打打闹闹也好，互相帮助也好，在长大成人之后还有一份共同的记忆。而它的起点，就是“在一个房间里生活”。另外，即使把孩子们各自的房间做小一些，也要给他们一个共同的玩乐空间“儿童专用客厅”。兄弟姐妹能在这里跟他们的朋友玩，也自然会逐渐懂得为人的道理和各种规矩。

“设置专用壁橱”。孩子们总是忙于追求新鲜事物，而没有时间回顾过去。所以要准备一个收纳间来存放物品，然后每年家长和孩子一起整理，在重拾记忆、整理过去的同时，还能给孩子一个思考人生的机会。

通过儿童专用客厅让孩子们拥有共同记忆

通过缩小每个人的房间而建的儿童专用客厅，面积不大，却是一个不干扰大人，能让孩子们一起玩耍的空间。只要把专用客厅建在家长看得见的位置，两代人之间就能保持恰如其分的距离感。在房间布局上多动动脑筋的话，还可以把走廊利用上。

即使孩子长大之后，也不用对房子进行改建。只要使当地摆放家具，还是一个单独的空间

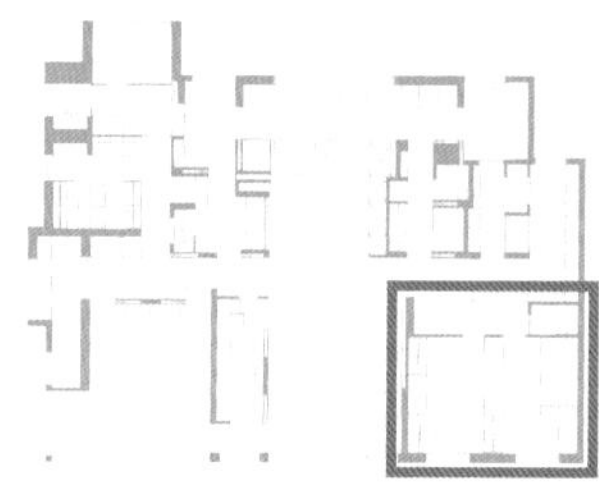

使用最基本的家具进行组合，用于分隔房间或进行收纳

使用长65cm、宽35cm的基本规格的系统家具加以结合。在门口附近放一处，用作房间的间隔，在书桌和床旁边，可以作为收纳用家具。使用带轮子的产品，移动方便。衣柜、床和书桌也正好是系统家具的2倍，不会浪费空间，让居室结构更有效率。

长65cm×宽35cm

长130cm×宽70cm

近藤典子视角

按兄妹二人设计的儿童房

A 来往自如，又能保持一定距离

小学三年级的哥哥和幼儿园大班的妹妹的房间。用来分隔房间的家具保留了一个开口，符合这个年龄段兄妹之间的分寸感。

B 孩子专用的壁橱、衣帽间

将L型和I型收纳合二为一的收纳柜，存放纪念品或很少使用的物品。里侧还能放过季的或小客人用的被褥。

C 基本规格的家具，可以用作书箱

在书桌旁边的家具，是两个重叠的，共2套4个。放在书桌边可以当书柜。改变朝向，还可以当床头柜，具有多种使用模式。

D 在床下收纳家具

在带轮子的L型台上安放基本规格家具。备用的系统家具可以放在这里，不会影响别人。床下总共可以放6个基本规格家具。

E 宽度 130cm 的移动式衣柜

衣柜有3扇门，2扇折叠式，1扇平推式，有多种使用方法。打开右侧的折叠门，是经常穿的衣服，不管是挂着的还是叠好的，都能一目了然。平推门中存放出门时穿的或备用的衣服。

近藤典子视角

私密与交流

从私密空间到家庭课堂

从动线的角度思考“家长”与“孩子”的私密与交流

如今流行一种风潮，那就是大人和孩子之间的界限越来越模糊，什么都一样。这当然绝不是什么坏事，不过我认为，在日常生活中设身处地地理解对方，才能构建家长与孩子更好的关系。为此必须在生活中明确规则，区分什么属于隐私，什么需要互相沟通。

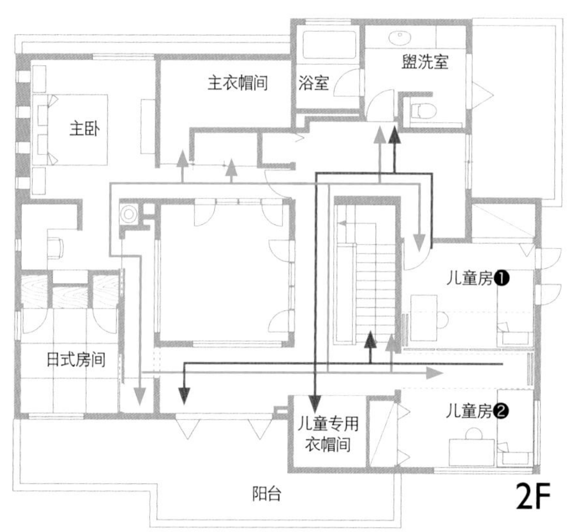

广岛

哪里是大人的区域，哪里是孩子的，确定规则十分重要

在二楼的自家用空间中，孩子能自由行动的动线包括盥洗室、阳台和儿童房周围的部分。要进入主卧时，必须先获得同意。没有规矩，不成方圆。

在自家用空间中规划“大人动线”和“孩子动线”，培养孩子的“隐私”意识

在规划房间布局的时候，要非常重视能够绕着圈行动的环形动线。但这不是说所有的房间都要这样。每个家庭成员都有属于自己的范围，必须让孩子们明白：即使在自己的家里，也不是任何地方都能随意出入的。

在我们小的时候，如果客人来了，那么孩子就不能随便出入客厅，否则就要挨骂：“谁让你进来的”？“进来之前先打招呼”！“把门关上”什么的，让我们在日常生活中懂得什么是礼节、礼貌。

但是如今就不同了，能够学到这些社会规则的地方越来越少。也许，家庭是唯一幸存的礼节课堂了吧。

要懂得为别人着想，上完厕所后要看看毛巾是不是挂得整齐，卫生纸有没有用完，水池是不是整洁，拖鞋有没有放好……能在日常生活中直接对孩子耳提面命的，正是这样的一些细节。

一家有一家的规矩，这一点也是需要在自家用空间对孩子言传身教的。同样，每个人的空间，也需要别人去尊重。天长日久，在家里养成的这些良好习惯，也会被孩子们在社会上、大自然中加以应用。

即使是住在同一间屋子里的兄妹，也有不能随便触碰的东西，这也是需要家长一点点地灌输给孩子的。

为了让孩子从小就明白这些道理，在房间布局上也做了一些工作。比如设有家长专用空间，孩子要进去的时候就要先打招呼；设置的环形动线，孩子们不得进入，等等。

在3个地方订立了“未经许可不得进入”、“进入之前必须打招呼”的规矩，划定了孩子能自由行动的区域。大人的活动范围与孩子的活动范围之间，就有了一条界线。

在实际生活中，也可以设几扇单向上锁的门。这也是让孩子养成遵守有事先打招呼、敲门等社会习惯的第一步。即使孩子很小，只要认真地教育他，就一定能养成良好的习惯。

Tatami Room（日式房间）

让生活更丰厚饱满、更具特色的空间

对一个日本人来说，日式房间也是提升自己生活品位的空间。更深的韵味，更丰富的要素，都蕴涵在这间榻榻米上的空间之中。为了把这些要素行云流水般地体现出来，我们做了不少工作。

令人遗憾的是，近年来越来越多的集合住宅中，已经没有了日式房间的踪影。但是很多美妙的乐趣，其实只能在榻榻米之上才能获得。不同季节的各种时令事项，家里的活动等，在日式房间里来举行，方算得上最完美的舞台。

为此，必须有一个实用的收纳空间。可以把榻榻米拿起来，在下方设置收纳箱，也可以把日式壁橱改为需要的类型。有了这些新颖的使用方法，日式房间就会更加完美。

在“日常”与“非日常”中，日式房间总是能带给你与众不同的特色。在住宅中拥有一间日式房间，你一定会感到生活更加丰厚饱满。

阳台与日式房间联动，获得更大的一个空间

在很多住宅中，阳台都无法得到很好的利用。因此在规划的时候，我们做出了把日式房间与阳台连在一起的决断。面积不大的日式房间因此能随时变为充满开放感的大空间，同时容纳很多人。

与其他空间对接，就出现了一件充满开放感的多功能日式房间

设置于不同的位置，日式房间就会有不同的面孔。我建议让日式房间与其他房间保持联动性，朝着多样化的方向努力。

在横滨的案例分析住宅中，日式房间与采光良好的阳台相邻，两者的地板也是连续的，具有很大的空间。原先只有7.5m²，绝对说不上宽敞的日式房间中，也充满了各种包括日本装饰风格和收纳在内的新思路。

在房间正中设有座桌（中间凹陷下去，上面铺桌面。人可以坐在榻榻米上，把脚放到下面，就不必盘腿了，更舒服些），主人和客人就不必正襟危坐，轻轻松松地坐着交谈了。如果想恢复到榻榻米状态，那可以把桌子等收到下面的收纳箱里，然后铺上一块正方形榻榻米，就完事大吉，不影响晚上铺被子休息。

春天赏樱花，夏天看焰火，坐在日式房间里搞类似的季节性活动的时候，把座桌和存放在榻榻米下方的大收纳箱拿到阳台去，作为日式房间的扩展空间而使用，能够同时容纳很多人不说，坐在里面的人与坐在阳台上座箱的人的具有同样高度的视线，很适宜谈天说地。

空间充裕、设备完整，需要的功能都具备了，在日式房间内自然会度过更充实的时光。用它当作家中的第二个客厅，意下如何?

所有用于日式房间的物品都存放在这里，避免无谓的动作，节约家务劳动时间

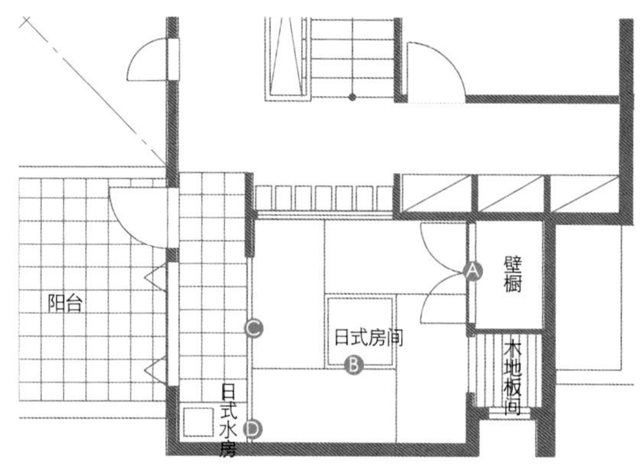

同一间屋子，既能待客，又能收纳

从走廊一侧看日式房间（风格为欧式与日式的结合）。充分利用了7.5m²的空间，别有风味。设有简易日式水房，能够烹茶待客，免去从厨房端茶过来的麻烦。壁橱里能存放客人用的被子、坐垫和装饰品，来客的留宿也毫无问题。

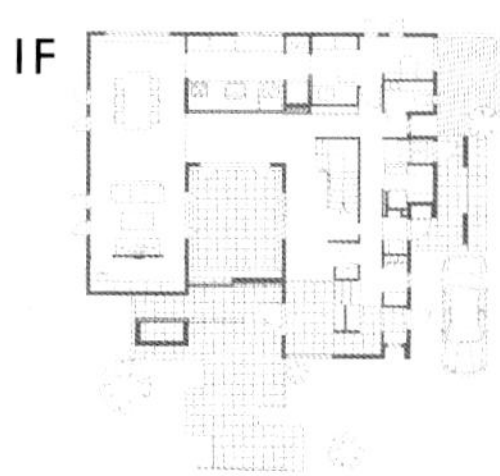

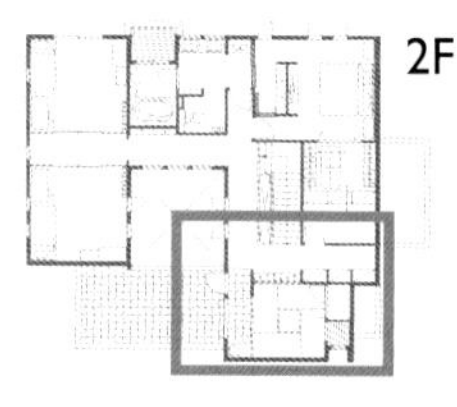

收纳量巨大，又不失文化特色

A 变形日式壁橱

将120cm宽的壁橱分成左右两部分。右下角的褥子折叠起来竖着存放，一次刚好能放两个。被子也折起来，存放于固定位置。在两侧设暗销孔，就能根据物品大小调整搁板的位置。

D 简易日式水房，烹茶待客

与客人一起享用茶艺固然是目的之一，而设有水房，就不必专门去厨房，也不必在这里另设简易厨房了。

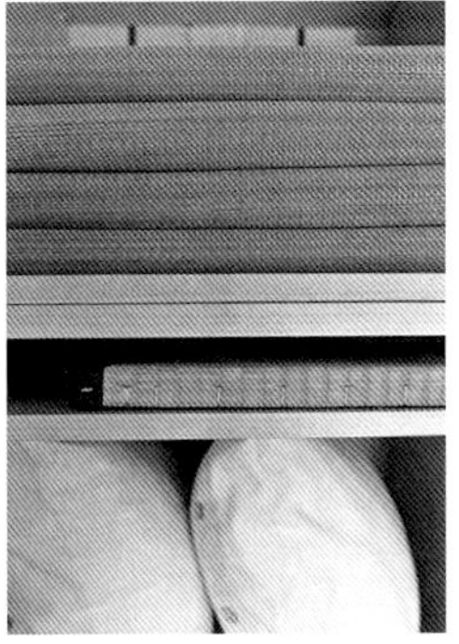

A 微型收纳，能存放半个榻榻米（0.91m×0.91m）

日式房间的中间部分可以调整，或为座桌，或为榻榻米。如果使用座桌时，则在这里收纳这半个榻榻米。只要在收纳里确定一个专用位置，就不必把榻榻米拿到别处去存放了。此处要求的空间尺寸，必须保证榻榻米的存取方便。

A 榻榻米的位置升高40cm，存取也相应变得方便

提高了榻榻米的高度，就能把下面当收纳了。把在平常的日式壁橱中存放于高处的物品，可以放在这里，还省去了爬上爬下的麻烦，存取时很方便。左侧部分存放坐垫。

A 将搁板一分为二，搭建Ｉ型收纳

壁橱进深很大，故采用Ｉ型收纳，将搁板分为前后2块。搁板一分为二，使用起来灵活性更大，能根据所放物品进行自由调整。

B 收放自如的座桌

座桌放在日式房间中央，坐上去是普通的椅子的感觉，比较轻松。收纳座桌其实另有妙策座桌下方就能收纳，只要把桌腿和木框去掉，直接就能把桌面放进去。然后再从壁橱里拿出那半个榻榻米，正好严丝合缝。

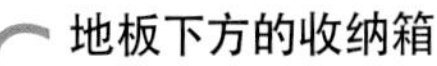

C 地板下方的收纳箱

这里的收纳箱，可以用来当椅子坐，同时又是一个带轮子的储物箱。可以在这里存放日式房间使用的餐具和电磁炉，进一步扩展日式房间的使用范围。

近藤典子视角

符合时代变化的现代壁橱

随着生活方式而变化的壁橱风格

日式收纳的终极之作，4种进化型壁橱

说到在日式壁橱里存放的物品，首先就是被褥之类。在这里，我们抛弃对于壁橱的固有观念，以使用方便为第一条件，提出了4种壁橱模式。在保留日式房间的自然之美的同时，又能让日常生活轻松快乐。这，就是我们的进化型壁橱。

双向使用　日式房间和客房都能使用的壁橱

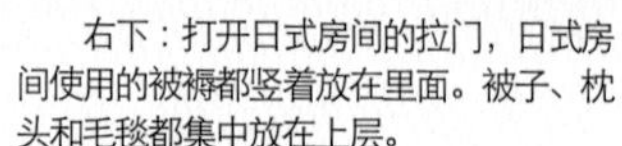

右下：打开日式房间的拉门，日式房间使用的被褥都竖着放在里面。被子、枕头和毛毯都集中放在上层。

上、右上：旁边的客房里有3张床。打开折叠门，里面是褥子和床单等用品。中段左侧是存放客人的衣服和行李的位置，非常贴心的设计。一个收纳空间，同时具备壁橱和衣柜的功能。

近藤典子的家

我家的房子是7年前建的，各处都有方便日常生活的设计。7.5m^{2}的日式房间的旁边，就是用作客房的普通房间。在两者之间，则设有一个日式壁橱。

这两个房间，就是为了亲戚朋友能无拘无束地随时来访而特意设置的。因此在两者之间设有双方共用的壁橱，两边都能自由地存放各自必要的物品，也不会互相干扰。

另外，被子和枕头的收纳位置是固定的，用了的人也知道该放回哪里去。铺床铺被这些事，让客人自己做的话，更能让他们不必拘束，放松地来来去去。

壁橱一般都在房间的角落里，本身就容易潮湿，再加上客房的被褥不经常使用，就更是如此了。为了解决这个问题，在设计的时候就设了两扇门。平常把门打开，在把两个房间的窗户都打开的话，通风顺畅，也省了晒被褥的时间。

除了这些功能之外，作为日式房间，当然会在传统节日里装饰些偶人什么的，中秋的时候也会在这里赏月。日式房间的环境能给自己充电，是生活中不可欠缺的一部分。

壁橱＋纳户（日式储藏室） 设在开放场所，最重要的是便于管理

名古屋

名古屋是非常重视各种公共活动的地区。因此需要准备足够的收纳空间，存放活动时使用的物品和来客的衣物。

在日式房间的壁橱上，再附加上了纳户的功能，面积很大，除了被褥之外，其他很多东西都能收纳。

当然，面积并不是唯一因素，设置的位置也很重要。提起纳户，总给人一种在一个阴暗角落的感觉。为了消除负面印象，我们把它设在了与露台邻接的地方。如果要整理纳户，那么在露天做的话就会非常轻松。

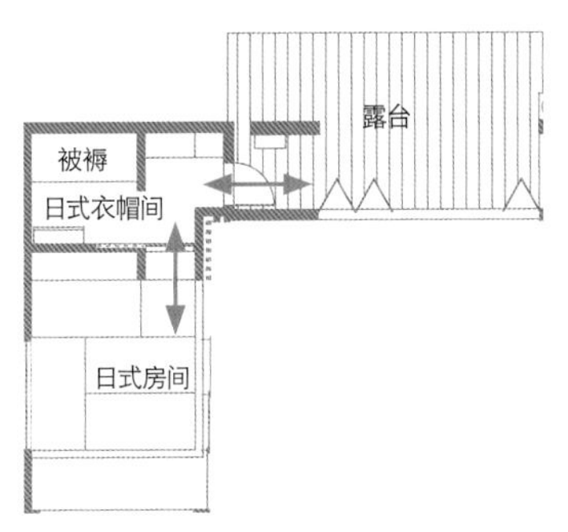

位于壁龛背后的大容量收纳空间。除了存放被褥和坐垫，装偶人及其摆放用具、鲤鱼旗的大纸箱，以及其他规格超长的物品都可以放在这里。晒被褥时，在旁边的露台做最为方便。打开露台和日式房间的门，能保证通风，消除服装、被褥类的湿气。

榻榻米下方的收纳 一个或半个榻榻米大小的收纳箱，也能作为收纳用具

神户

这间住宅没有专门的日式房间，而是在客厅一角设了榻榻米区。在这里，我们把收纳箱放在了地板上，分别是一个和半个榻榻米大小（1.82m×0.91m和0.91m×0.91m）。前者存放被褥，共2个；后者存放坐垫、枕头和毛巾被等较小的用品，共5个。加起来7.5m²左右，在上面铺上榻榻米，正好能组成四个半榻榻米大小的标准日式房间。

上面我说过，在打造住宅的时候，一定不能拘泥于固有观念。这就是一个很好的例子。

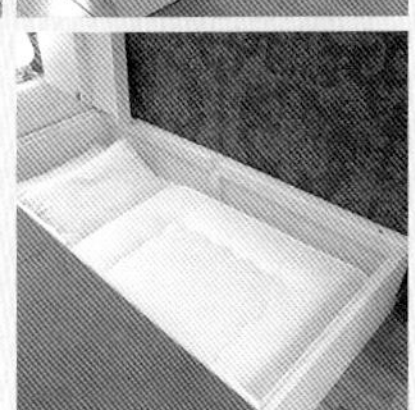

客厅的沙发的后面就是榻榻米区。是在两种收纳箱上铺了榻榻米，组成的日式空间。小的收纳箱用来存放坐垫、靠垫之类，大的正好能放进去被褥。此外，这种收纳箱还能轻松地推着走，挪到需要的位置上去。

一分为二的用法 一分为二型的壁橱，收纳被褥和座桌

广岛

把日式房间的墙面三等分，把壁龛放在中间，两侧是壁橱。形成一个变形壁橱。之所以采取这种方式，是希望在7.5m²的日式房间中为座桌找一个收纳的地方。要在有限的空间内收纳被褥、坐垫和座桌，我建议还是竖着存放。好几条褥子重叠起来后一起竖着放的话，操作起来更方便，座桌也正好能放进去。哪里使用，哪里存放，日式房间所需用品都在这里存放的话，整理打扫时都会节约时间和精力。

左右两侧的白色门（平推门）为壁橱，中间的墙的部分是壁龛。在左侧竖着放两套褥子，上方放被子、毛巾被以及枕头。右侧放坐垫和装有床单、被罩及枕套的篮子，以及在日式房间使用的座桌。壁龛进深为80cm，其中里侧的30cm可以用作书房的收纳柜。

近藤典子
视角

楼梯周围

使用方式五花八门

贴近生活的楼梯下方空间和缓步台的用法

楼梯下方空间和缓步台往往被用作收纳空间，但很少有人真正关注这个地方。其实这是一块很宝贵的空间，能根据生活方式，创造出各种各样的使用方法。希望你好好利用，让它在你家里大放光彩。

家人携手，共同打造能加深感情、沟通信息的百变空间

楼梯下方空间就是用来收纳的，这几乎每个家庭的共同认识。而且存放在这里的，几乎都是没有得到任何应用的物品。既然如此，何不把它当作别的空间呢?

一旦思维打破常规，你会发现原以为只能用来放东西的地方，其实有很多让你惊喜的用途：宠物的窝、孩子们的游戏场、一个人放松的空间、书柜……在建房的时候，对楼梯周围的空间需要认真考虑，因为这里可能蕴藏着让生活发生质的飞跃的可能性。

还有一点希望大家考虑，那就是在这里展示照片和纪念品。多年来，我见过很多家庭把这些东西放到纸箱里，反倒成了累赘。照片和纪念品，是加深家庭成员感情的重要工具。在楼梯的墙上或缓步台上开辟空间，把它们展示出来吧！

稍微动动手，一个寡然无味的过道，就会变身为充满家庭温度的宝贵空间。

全家人目力所及的楼梯最上方是最佳位置

二楼是一个家庭的自用空间，每个家庭成员都会天天使用楼梯。在这里装饰全家福或者家人共享的纪念品，是再合适不过的了。每天都能看到，也会成为晚餐的话题，家人的感情在不知不觉中就会日益加深。

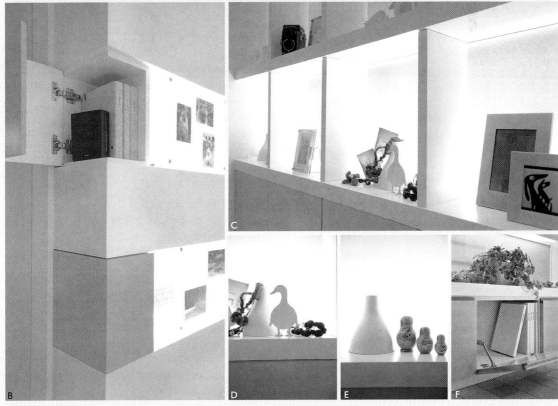

缓步台和楼梯上方是绝好的展示平台

A 展示架如能预先就做好，也是一件很漂亮的家具。在灯光上下些工夫，就更像一间时尚小店了。还可以根据季节调整展示内容，或者在进行某些活动时作为传递信息的平台。各种新思路、新创意，让这里成为一处最引人注目的地方。B 在其中一角，搭一个专门收纳相册的搁架。存放展示用的照片和其他未经整理的照片、图片。C、D、E 全家旅游时买的纪念品、土特产、幼儿园或小学时做的工艺品等，都可以定期进行展示。F 给相册一个固定的存放空间，就可以随时打开观赏。看到中意的照片，还可以拿到客厅去，带去一个吸引眼球的新话题。

想要不后悔，就要动脑筋

近 藤 典 子 宝 典

建房之前应
考虑的，需要搞清楚的问题

7年前，我从零开始做了建房规划，并加以完成。不但得到了一幢非常满意的住宅，同时在漫长的建房过程中，我也在很多细节上获得了经验，希望能跟各位读者朋友分享。

[提问的能力]

面对专业人士，要勇敢地提问，一直到自己满意为止，这就是建房的秘诀之一

在7年前给自家的住宅做规划时，我最大的困扰就是房子完工之前的程序甚多，不知道应该把重点放在哪里，才能得到满意的住宅。我担心如果不管三七二十一就开始做，结果建筑公司把施工日程定下来了，或者银行说“没有图纸就不给贷款”的话，就不得不听人摆布，得不到好结果。

因此我找了很多有过建房买房经验的朋友，询问他们的成功经验或失败的教训，终于明白房子能否让人满意，并不在于所费时间的多寡。有些人时间很紧，但一样建了一幢漂亮的住宅相反有些人花了很长的功夫，得到的却不是自己当初想要的。那么问题出在什么地方呢？关键在于，要得到一幢自己满意的房子，还是要看走过的每一步程序是不是都经过了自己的认可，也就是自己的“接受度”到底如何。发挥主观能动作用，主动参与，才是其中的关键。

就拿图纸来说，有平面图、立体图、设备图、电气线路图等，没有必要一一看懂它们。自己的希望是如何反映到图纸上的，这才是重中之重。因此要培养面对施工专业人士的提问能力。心中的不安和疑问如能当场解决，工程自然也会更加顺利。自己提的问题，对方给予的回答，都要做成文件，标注日期，也能避免今后可能的矛盾和麻烦。

在建房过程中要注意的地方，应该对什么问题提问，提问的方法又如何，我会在本章中与大家分享。

[沟通能力]

酿造出让专业人士愉快工作的氛围

要打造一幢自己不会后悔的住宅，业主和施工方之间需要建立互相信任的关系。因此业主不能当甩手掌柜，把什么都交给施工方，而是自己也努力学习，看看有关书籍，参观住宅展示会，这是非常重要的。如果你主动地参与到施工中去，并能提出深得要领的问题，对方绝不会认为你烦人，而是会对你更加重视。要酿造出一种让专业人士心情舒畅地工作气氛，这是关键。

在对设计进行沟通的阶段，我会让设计师到家里来，看看家里的情况，一起吃顿饭。当施工开始的时候，我还会在工地贴上家人的照片和致辞，告诉对方“是这些人住你们建的房子”。有可能的话，就准备些饮料和小点心，和工地联络手册放在一起，与建筑人员进行文字的交流。每个环节都认真做的话，就会有一种成就感，整个工作也会变得有趣起来。

建房的流程

① 收集信息>>P10
- 1. 编写每个家庭成员的“简历”
- 2. 总结家人对现在的住房的不满
- 3. 把家人对新家的希望进行汇总
- 4. 进行一个预测，描绘户主“30～45岁左右”、“45～60岁左右”、“60岁之后”的生活方式与住宅的关系

② 制定资金计划

③ 寻找土地

④ 决定承包商>>P145

⑤ 确定方案>>P146

⑥ 申请建筑物确认

⑦ 施工合同

⑧ 开工

⑨ 竣工、交付

⑩ 入住

从收集信息开始到建筑完工，中间有很多个过程。但只要知道了全体的流程，就不会太过紧张焦虑，进而主动地进行参与(③、④可同时进行)。

近藤典子宝典

建房之前应考虑的，需要搞清楚的问题

开发商、工务店、建筑师

了解各自的特点，认真选择承包商

选择哪里的承包商，是对工程影响巨大的因素。建一幢符合业主理想的完美住宅，应该怎么去选择承包商？此外，与对方项目负责人的性格是否合拍也是一个重要因素，因此需要冷静地进行选择。

[优点、问题点]

根据自己住宅的类型，选择可信赖的承包商

选择建房的合作方，需要考虑各方面优点和问题点。应根据自己要建住宅的类型、时间限制、预算等因素，寻找一个合适的承包商。

普通的开发商那里有样板房，自己建房之后的效果也可以近似地推断出来，比较让人放心。对于那些没有太多时间，或者对沟通能力没自信的人，可以选择开发商。

至于工务店，则水平参差不齐，需要向别人多多打听，或者去实际看看建造的房屋，从而判断其实力。工务店都是一些与本地结合紧密的企业，在施工中也会替业主着想，完工后也会保证多年的售后服务。

如果业主更重视设计性、原创性，那么可以找专业的建筑师。建筑师一般会与自己所信赖的工务店组成团队来施工，并能兼任现场监理，让人放心。但费用也偏高，设计费用约占总额的10%～15%。

如果找到了自己所欣赏的建筑师，那就要亲自拜访，把自己的梦想和条件告诉他，选择性格相合的人。一起吃一次饭，就会对对方多有了解了。

[单位面积的价格]

如果有觉得不错的承包商，那就让他报个价，进行对比研究

选择承包商最重要的因素，是看对方是不是肯倾听你的希望。明确回答能或是不能，或是虽不能立即回答，但愿意回去研究的，这些人应该比较可信。初步选择了几个对象之后，就可以让他们出简单的设计草图和报价，做出决定了。

经常有按单位面积来报价的承包商，但千万不能单纯比较价格，不然很危险。可以提出如“价格里面包括了些什么”，或“地板装修用什么材料”等具体问题，然后回来研究。

承包商分为三大类

●开发商

工艺、规格都采用标准化来建设，质量稳定。售后服务的内容也很明确。

【优点】

- 工期短
- 品质稳定
- 寻找建筑用地、资金规划、维护服务等方面也很不错
- 有样板房和样板房图册
- 结构、材料明确，资料也丰富

【问题点】

- 受合作企业的水平影响较大，包括质量
- 方案和材料的选择范围有限
- 先要看看与对方项目负责人的性格是否合得来

●工务店

与本地结合紧密的企业，长期来的口碑方面值得信任。售后服务、报价的明细、施工水平方面参差不齐。

【优点】

- 熟悉当地的气候、风土
- 地域性企业，方向调整迅速
- 工地上的沟通比较好做
- 售后服务的快速便捷
- 可根据业主的希望和条件进行自由设计

【问题点】

- 木框架结构建筑做的较多
- 合作企业的木工师傅的领导能力及木匠的水平参差不齐
- 监理和设计、施工人员都很熟悉，业主应有所注意

●建筑师

分为口味、爱好都很明确的“艺术家类型”和脚踏实地的“设计师类型”。

【优点】

- 重视设计性和原创性
- 能兼任监理工作
- 肯花时间慢慢把房子建得完美
- 对狭窄土地、有变化的土地的应对能力强

【问题点】

- 对住宅的性能和施工技术，并不是每个建筑师都很熟悉
- 有时候设计能力和施工技术能力并不匹配

近藤典子宝典

方案

建房之前应考虑的，想搞清楚的问题

沟通能力至为重要

对不懂的问题就打破沙锅问到底，把自己的希望和条件表达清楚

建房的起始点是“收集信息”。要回顾自己的日常生活，并把对新家的期待都描绘出来的话，规划方案也会更顺利地取得进展。与专业人士保持良好沟通，把自己的希望变为现实吧。

[协商会议]

在方案开始之前，应该把家中情况告诉对方

一旦确定了承包商，那么在开始方案规划之前，应该与对方的项目负责人和设计人员多开几次协商会议。记得我当时每周1次，每次3小时，总共开了4次协商会议。为了项目的顺利开展，利用这段时间是一个重点。

开会的时候，应该再次把家中的情况告诉对方，并提交家人的“简历”(P21)。同时还要主动向对方发问：“对于我孩子的生活，您还想知道些什么”，或者“我对未来是这么看的，您觉得如何”等，也是一个很好的办法。

对方当然也可能提出一些专业意见或者思路。即使你无法立即接受，但要想到对方是专业人士，一定要听他说完，然后花些时间认真进行评估。这些时间不要想着去节省。

在开会时，一定不要犹豫不决，而应该把自己的条件和疑问都统统提出来。不管是预算也好、降低成本也好，还有其他不明白的地方，都要彻底搞清楚才算。如果对方不好好回答问题，也许你就应该考虑换一家承包商了。

至于开会的地点，对方单位会有很多资料，去了还能了解单位的情况，是一种选择。另外请对方到家里来，也是不错的办法。自己对现有住房满意和不满意的地方，在家里就表达的更清楚，一定会对规划方案有所参考的。如果对方来家里，那么最好全家人都在，更容易体现出亲近感。

把每次谈话的内容都记到笔记本上，将来核对起来也方便。如果对方对此表示疑虑，你就说“想好好学一学”，或者“我很忙，害怕理解错了”等，求得对方的理解，然后通过笔录、录音，甚至可以通过录像来进行记录。

[房间布局]

和专业人士一起思考房间布局方案

“建房的流程”中，在完成了第一条的收集信息之后，其实自己已经明白到底需要什么样的房间和空间，以及具体的要求了。以此为基础，对各个房间、空间的结合部加以考虑、拼接，这就是“房间布局”的工作。这也是正式的设计图的第一步。

接下来就是与各个承包商的项目负责人及设计师等专业人士进行共同探讨。流程如下：

把所有空间都分为“个人空间”、“公共空间”、“卫浴设施”和“其他”4部分。在写下希望的居室及其面积之后，用不同颜色来区分“公共区域”和“自用区域”。这样做，某个居室、空间的含义也就一目了然了，互相之间的关系也能自然而然地明确下来。不光是平面部分，一楼和二楼的连接位置也不能忘记。还有那些眼睛看不到的声音、味道的传播途径，也需要认真对待。总而言之，自己关心的问题，不懂的问题，都要向专业人士请教明白。

保证会议取得良好效果的要点

① 以家人的简历为基础，提出要求
② 告知对方自己的条件（预算、土地等情况），有问题的话一定要正面提出
③ 也要留出在家里开会的机会
④ 认真地听完专业人士的话
⑤ 把谈话内容做一个笔记

通过阅读资料和书籍，慢慢地自己也会掌握不少知识。但保持谦虚、认真地听取专业人士意见的态度还是非常重要。如果对方得出了与自己的相反的判断或结论时，一定要认真思考对方提出这些意见的背景是什么。

房间布局应分为两个阶段来考虑

STEP 1

· 个人空间
· 共用空间
· 卫浴空间
· 其他

STEP2

· 公共区域（客厅、餐厅、厨房等）
· 自用区域（卧室、儿童房等）

把希望在新家中拥有的居室或空间，按上述分类写出来。客厅、餐厅和厨房是共用空间，厕所、浴室、盥洗室是卫浴空间，走廊、楼梯和收纳则是其他部分。

对于STEP1中进行了区分的居室和空间，再按照公共、自用部分上颜色来区分。这么做的话，在考虑某个居室附近应该有何种房间或空间时，会起到很大作用。比方说“客厅是接待客人的地方，应该离浴室远一些”等。

[动线问题]

想象一下在新家中，每个人是否能够顺畅地走动

大致的房间布局完成之后，接下来就要回想一下日常生活中实际的场景，更具体地考虑房间与空间的配置和距离感。

在右边的表中，分别列出了名为“家务动线”、“育儿动线”、“来客动线”的动线，就是模拟了家人或客人在新家中如何移动的情况。

例如“做饭动线”。先想象主妇把食材拿出来、做饭，然后在饭桌上吃饭、饭后清洁，就能在脑海里描绘食品储藏间与厨房、餐厅的位置关系了。再比如“洗衣动线”。脑海里按照洗、晾、叠的顺序来想象，进而考虑不产生重复路线的房间位置关系。在房间布局上保证了每天顺畅的活动，日常生活就会舒适愉快的多。即使是同一种动线，家庭不同，最佳配置自然也会有区别，因此要重视自己家里最高效的动线。当然，也要目光长远，应该考虑到今后孩子们长大成人后独立生活，或者自己的生活方式发生改变之后的动线，并在规划时就尽可能提前做出准备。

动线的种类

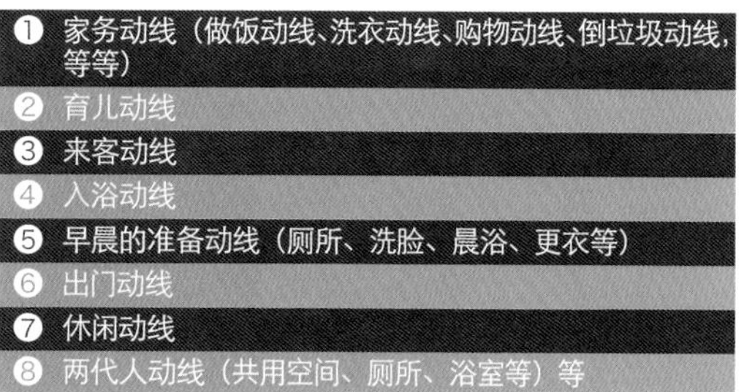
❶ 家务动线（做饭动线、洗衣动线、购物动线、倒垃圾动线，等等）
❷ 育儿动线
❸ 来客动线
❹ 入浴动线
❺ 早晨的准备动线（厕所、洗脸、晨浴、更衣等）
❻ 出门动线
❼ 休闲动线
❽ 两代人动线（共用空间、厕所、浴室等）等

给家中的动线起“某某动线”的名字，并进行模拟，然后画在图纸上。对于有些自家特有的习惯，比如“喜欢一边熨衣服一边看电视”等，也要考虑相关动线。

各种场景下的动线

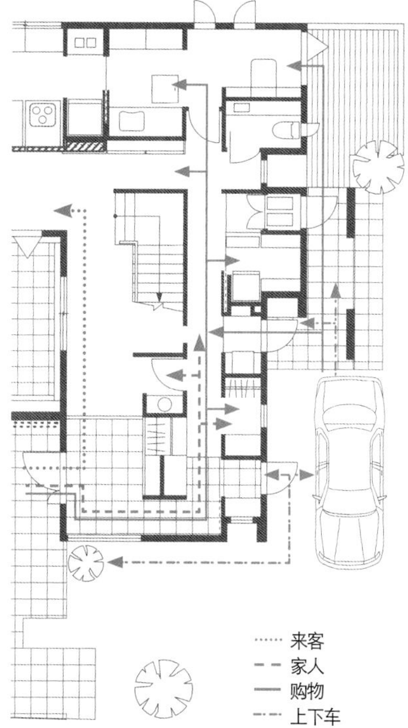

这4条动线都逐个在图纸上进行模拟的话，就能看出什么才是高效的。另外，动线最好采用环游型(环形)的，能提高家务劳动的效率，也能给使用者减压。

近藤典子宝典

核对图纸

建房之前应考虑的，想搞清楚的问题

不懂很正常！

去想象生活的场景，并明确哪些是可有可无的部分

在图纸完成之后，要确认自己之前的希望是否得到了反映，同时还要从别的角度进行再确认。确认时遵循5个要点。有问题的地方，不明白的地方，都要向专业人士询问清楚，防止把问题带到下一阶段。

[采光、通风、生活噪声]

居住的舒适感由这些因素来决定。这是需要确认的重要因素

一张写满了自己要求的图纸，终于新鲜出炉。拿到图之后我会复印一份，然后把家具和家电的轮廓勾勒在上面，未来生活的景象立刻就变得清晰起来。

首先要确认的就是采光。采光最好的到底是哪个房间呢？在一般的家庭里，都是客厅、餐厅的采光最好，但是我想把采光最好的房间让给白天在家的婆婆。一个一个检查下去，看到采光最差的房间，就会问对方能不能开一个天窗，或者把窗户做大一点，有没有其他的办法。当然，放弃掉有些不切实际的窗户，也是重要的，毕竟这能降低成本。

下一个确认对象是通风条件。虽然根据新的强制性规定，2003年后的新建建筑都要采用风扇通风的24小时新风换气系统，但自然风能除去屋内湿气，带来清爽自然的环境。通风不足的环境容易出现霉变和结露，住宅本身也易于受损。

要检查空气的流通途径是否合理。要让房间有风，最理想的就是房间面对的墙面上有门或窗。自下而上的风纵穿整个建筑，也是我很想要的结果，办法就是在二层建筑中检查楼梯是不是风道。

接下来确认生活杂声。电视、音响的声音，厕所、浴室、盥洗室、洗衣机，以及人走动的声音会不会影响隔壁或上下层的人，房间布局在隔声上有无问题等，都要检查。地板材料、门是否符合其所处环境，都属于再确认的目标。

特别是生活节奏不同的两代人住宅，更需要确认老人居住的房间上方有无儿童房或客厅、浴室。

[电源、开关、照明]

是否在应有的位置上配备了应有的数量，应该一边考虑动线问题，一边对此检查

电源和开关的位置，比我们想象的还要重要。在关键之处配置完备的话，就会减少无效的动作，减轻生活中的负担。

要通过画有家具和家电的图纸，来确认电源的位置。因为打扫除时要用吸尘器，所以还应确认“清扫动线”上是否有相应的电源。此外，要预见到将来可能在何处使用家电，在建房的时候就预先多配上些电源。

在家外面、家里面，出入房间时，都要用到开关。通过模拟各种动线，检查开关是否已经配置在了应有的位置。要用实际生活中的态度去检查。

照明配置也是决定生活舒适度的重要因素，需要认真确认。在图纸阶段对灯的位置和个数再次核实。有没有必要安这么多吸顶灯？灯光是不是高效率的照亮了房间各个地方？检查之后你会知道，低效率的重复情况还是很多的。减少灯的数量，在降低灯具、施工成本、灯泡、电费等成本方面都有好处。

核对图纸时的重点

❶ 采光
（按照采光情况的好坏对房间、空间排序）

❷ 通风
（原则上要在对面的墙上设窗户或门。两层以上住宅则应确保从下向上的风的流向）

❸ 生活杂声
（家电、卫浴、人走动的声音）

❹ 电源、开关
（根据家电的配置和动线进行安排）

❺ 照明
（同时考虑安装费用和运行成本两个因素）

在房间布局的图纸大体定型以后，根据上述要点进行确认。电器设备施工花时间，因此要特别加以认真检查，勿使遗漏。对于打算要买的家电，也要预先得到尺寸及重量数据，用来核查图纸。

建房之前应考虑的，想搞清楚的问题

重要的不是“方便”，而是“必要”

住宅方面的设备日新月异。也需要考虑今后的维护

新家的一个令人期待之处，就是能使用最新的设备。但自己家里是否真的需要，这才是关键。在这方面一定要考虑周详，有时候，“舍弃”也是重要的工作。

[判断]

选择那些“没了绝对不方便”的产品

住宅方面的设备日新月异，长效保洁的坐便器、排水性能好的浴室面砖，比过去强的太多了。好容易有了新房子，谁都想趁机来个里里外外三层新。特别是在卖场看到那些宣传品，更是忍不住要动手买了。

但是且慢。应该考虑预算的问题，判断现在的生活中这些设备是不是必须的，买了以后能有多大程度的改善。我经常听别人抱怨，要么是买了洗碗机之后，家里人数却减少了，现在还是用手洗；要么是买的洗碗机太小，洗不了锅，现在完全没用，等等。买了不少看起来很棒的东西，但是那些不需要的功能导致了成本的上升。因此我们选择设备的标准只有一个：买那些“没了绝对不方便”的产品。

在选择产品的时候不能光看商品目录，还要到展示厅去实际看一看，摸一摸，检查使用是否对自己方便。此外，初始成本（购买、安装）和运行成本（维护、消耗）各是多少，也要向店员问清楚。优点和缺点各是什么，厂家开始生产新产品后，老产品的零部件怎么办，售后服务和零部件更换又是如何处理的，这些都需要加以核实。

其实有很多东西即使现在不买，将来买也完全来得及。家用电梯就是一个例子。建房的时候只要预留空间，电梯则在需要之时再买。而且电器产品只会越来越好，越来越小，预留的空间绝不会不够用。了解一下今后安装时的施工费用更高，还是现在购买更划算，经过对比之后再做决定吧。

[削减]

做一个不急需设备的排行榜

有人看到有便宜的设备，想都不想就买了，结果没过多久就发现出了更好的新产品。早知如此，还不如当初把钱存起来，需要的时候买好的呢。

一般来说，设备类中低档的产品，未必就是性价比高的。因此每个人都应该具备“放弃”的心态，对自己说一句“以后买更好的”，不就好了吗。

我对大家的建议是，做一个不急需设备的排行榜。我猜很多人只给想买的东西排序，还从来没有做过不急需设备的排行榜吧。

举个例子来说，希望的整体厨房要便于打算、难以划伤、设计漂亮，但现在钱不够，就干脆放弃掉，找一家工务店定做一个便宜的吧。像这样，一旦决定先削减那个项目，整体规划就容易做了。

犹豫不决的时候，请看这张表！

- ■ 必须确认实物（不能光看商品目录）
- ■ 是否符合家里的生活习惯（方便吗？必要吗？）
- ■ 是否经济（初始成本多少？运行成本多少？）
- ■ 是否能长期使用（如何维护？零部件更换？）

住宅用设备是给人以梦想的东西，同时也会带来成本猛增。请依据上表，决定是否购买。当地政府是否对太阳能发电、能源农场、EcoCute热泵装置提供补贴，也要先行确认。

建房之前应考虑的，想搞清楚的问题

一直快快乐乐地生活下去！

无障碍之家，是关爱家人的家。现在就应考虑今后可能需要的规格和设备

无障碍指的是去除老年人、残疾人生活上的物理、精神障碍的措施。在建房的时候就应采用的，还是今后再加上也可以的，明确这一点，对今后长期的舒适生活很有帮助。

[地板、走廊和房间出入口]

确保消除了台阶状高低差的地板，以及轮椅能自由通行的空间

不光是老年人和残疾人，对于幼儿和在家中忙碌往来的大人来说，无障碍住宅也是安全而方便的。

首先应注意的是地板。地板上的台阶状高低差如果很明显，容易注意到，反而是那些微微凸起的部分很难发现，容易被绊倒。完工后再对地板改建的话，费用会很高，因此应该在一开始就避免出现台阶状高低差。

出于安全考虑处理地板问题到时候，采用地暖是一个很好的选择，可以免去被电源线或地毯绊倒的风险。地板应避免使用比较滑的材料。在楼梯或走廊等处，可根据需要设置扶手。

考虑到今后可能会使用轮椅，就应该在玄关、走廊、房间的出入口预留较充裕的空间。室内用轮椅的宽度多为 70cm，因此走廊或房间出入口应为 80cm 以上，最好达到 90cm 左右。考虑到有些人体格较大，还有些人今后可能需要护理，所以走廊的宽度设为 1m 左右更让人安心。在这种情况下，可以在走廊单侧设置宽度为 15 ～ 20cm 的收纳柜，今后到了必要的时候可以拆掉，让走廊变得更宽。

家中采用无障碍设计时，也需要考虑门的情况。如果采用平推门，则比起用手拧开的握式把手，稍微用力即可开闭门的扳手式把手更为方便。推拉门用较小的动作就能操作，开闭时也不占空间，有一定的优势。把手做大一些，开闭门会更省力。

如果今后打算安装家用电梯，则在设计的时候就要加以考虑。

[扶手]

扶手直径应便于抓握，并注意设置高度

存在高低差的地方，最好能设置扶手。要注意的是扶手的粗细和设置高度。年纪越大握力越弱，太粗的扶手不合适。稍微细一些（直径为 3 ～ 3.5cm），年纪大了以后也容易抓握。

设置高度一般为距地面 75 ～ 80cm。大致是人直立时垂手状态的手腕高度，用起来方便。

即使立刻不需要扶手，但将来可能会用到，因此应该预先在墙体内注入加固用底材。既能起到加固墙的作用，也能为将来安扶手做准备。加固用底材设置在预定装扶手的位置，宽度大致为 30cm，就基本没问题了。

说到设扶手的具体位置，最好自己在厕所、浴室，像平常一样慢慢地站起蹲下，确认哪个位置最适合。老年人的肌肉在日益衰弱，厕所和卫生间正是需要扶手的地方。

打造无障碍之家，记住几个关键规格

项目		规格	说明
走廊和房间出入口的宽度		75cm 以上（最好为 90cm）	轮椅宽度一般为70cm左右，因此应在75cm以上。平推门、推拉门中有些种类的有效开口宽度不同，需要注意
扶手	设置高度	距地面 75 ～ 80cm	大致为人直立时垂手状态的手腕高度
	直径	水平状态为 3.5cm 左右	走路或支撑身体用
		垂直状态为 3cm 左右	站起来时用

确保了轮椅能通过的宽度，到时候就省事了。扶手在一开始时不必设得太多，确认哪里是“将来会用上”的位置，到时候再装的话，不会影响目前的生活。

[玄关]

玄关台阶框处的高低差处理

玄关台阶框是造成玄关高低差的原因。为了让自己老后也能便利使用，在建房前就必须知道一些知识。在从地板走上室内时，要跨上玄关台阶框，此时如有手扶的地方，老年人就会安心多了。最好在这里设一个高一些的鞋柜，上的时候就能起到扶手的作用。当然，如果觉得必要，也可以在一些位置上放入底材进行加固，以便将来设置扶手。

长椅和地脚灯是玄关的必备之物。作为穿鞋拖鞋、回家后暂时休息的地方，长椅作用很大。而在有台阶状高低差的位置设有地脚灯的话，在上上下下的时候就不容易因踩空摔倒了。即使目前不需要，也要预先设好电源，方便今后。

玄关门方面，也要考虑轮椅问题，可以设子母门（大门中套小门），让门口尽量保证足够的宽度。

[楼梯]

坡度适中，以安全性为第一要务

楼梯也是家中一个危险之处，因此坡度不能太陡，是首先要想到的。近来有些建筑中为了时尚性，在楼梯上没有设扶手，这是很危险的。在任何时候，安全都是第一要务。扶手的高度一般为 75～80cm，但还是应该考虑到家人的身高和老人的情况，具体问题具体分析。

在楼梯的上下两处，都要设置能各自开关的 3 路开关，最好都能有地脚灯。

[浴室、厕所、盥洗室]

为了避免危险，应设置扶手和呼救装置

浴室是潮湿的地方，容易滑倒，再加上厕所和盥洗室，这些地方将来都要设置扶手，所以现在应该为此而设置加固用底材。如果家里是整体卫浴，则需要确认是否将来安装也不会太困难。

浴室、厕所和盥洗室都是单人使用的空间，温差也比较大，为防万一，应该设置蜂鸣器等紧急情况下的呼救装置。

就我家的经验来说，上了年纪之后，消除了高低差的三合一（厕所、浴室、盥洗室在一起的）卫浴更加实用。考虑到轮椅的使用，应在浴缸之外另行确保一块 3m^2 左右的空间。地板材料也应选择防滑、便于打扫的，脏了之后立刻就能处理，很方便。有了这些措施，家人自然会更轻松，而老人本身也会放下不少生理和心理的包袱。

无障碍住宅中的几个要点

门的类型		平推门应选用不太用力就能打开的扳手式把手。推拉门不用太大的动作就能开闭，如果加上较大的把手就更方便了
玄关	鞋柜	高度为75～80cm的话，就可以当作扶手
	长椅	穿靴子的时候很方便
	地脚灯	设在有高低差的地方，也要确认电源位置
	子母门	方便轮椅的使用
楼梯	坡度	不要太陡，坡度适中
	扶手	距地面为75～80cm
	地脚灯和开关位置	楼梯的上下两处
厕所和浴室	扶手	加入加固用底材，为将来做准备
	紧急呼救装置	如果热水器操作面板上附带呼救装置，则需考虑设置位置
	整体卫生间	无高低差，方便使用轮椅
	地板材料	选择防滑、便于打扫的材料
家用电梯		方便每天的生活

注重安全、放心的无障碍措施，对年轻人也有吸引力。在建房的时候就考虑到将来，就能提前做准备，需要的时候立刻就能做好，还能避免额外的支出。

近藤典子宝典

维护

建房之前应考虑的，想搞清楚的问题

如何打扫？怎么擦窗户？外包的话费用如何？

容易被忽略的维护视角。怎样才是一幢不带来无效劳动、不花冤枉钱的住宅？

把客厅的一个墙面全都换成玻璃的，那景色该有多好。可是你想过没有，梦想看起来很美，但到时候谁来替你擦窗户呢？要想过上一个轻松舒适的生活，就不能忘记日常维护的问题。先来看看到底有哪些维护内容吧。

如果打扫除由自己来做，那么该怎么做？别忘了要对这个问题进行彻底调查

你愿意自己大扫除，还是因为重视设计而无法打扫，要请保洁公司来做？

如果是前者，那么在整体图纸还没有完成之前，就应该告诉设计师，让对方为此做相应的设计。如果采用的设计方案导致很难由个人维护，那么就要查一查请专业公司维护的费用是多少。这也是确定设计时的一个标准。

不管动线设计多么完美，收纳如何合适便利，如果没法保持清洁的话，是不会有一个舒适的生活环境的。要考虑今后如何打扫，并听取设计师的建议，确认是自己就能做，还是必须请保洁公司，或是干脆就没法打算，这是非常重要的。

寻找清洁用具也很重要。大部分的家庭都是窗户周围最容易脏，我在市面上找了很久，终于找到了一种。能伸长到6m，又很轻，能轻轻松松地清洁二楼窗户。正因为有了这件利器，我才敢下决心选择了现在的设计方案。

选择长效保洁和适宜打扫的材料也很重要。墙面材料和地板材料如果有保证期的话，那么就要向厂家确认，一旦在期间内发生明显污浊该怎么办。

不要仅仅沉迷于外观！还要确认产品的耐久性、清扫频率和维护方法

仅依靠外挂来选择产品，就会在使用中因维护而花费不必要的人力财力。所以在选择材料的时候不仅要看外观，还要站在维护角度加以考虑。

外墙	无论何种材料，外墙老化的最大原因就是紫外线，因此要选择抗紫外线能力强的产品。白色和黑色材料容易显脏，最好选择米色或灰色材料的外墙。
内墙	比起纯白，略带黄色的内墙不易显脏。墙面很大的话，即使黄色再浓一点，看起来也是白色的。如果选择自己刷墙，还可以考虑使用各种涂料。
地板材料	木地板的话已经经过打蜡和喷涂处理，试用期间只要按时打蜡，不必再重新铺地板。经过喷涂加工的木地板可以免维护，但20年后需要重新铺。
纱门纳户	是室内换气、保持家中健康的必要物品。一般的纳户打扫困难，但市面上也有不易脏、还能安在小窗户上的百褶纳户。
灯具	有些灯罩很漂亮，但打扫困难。如果一年不打扫，亮度会降低20%。在购买时要确认是否自己能够打扫。

近藤典子御用清洁工具

在我建房的时候，买到了“寺元”生产的高处用清洁工具，其中最长能达6m的可伸缩杆，在打扫三楼的窗户和墙时也能派上用场。

1、2 能产生静电、吸附灰尘的毛刷。用于楼梯和客厅打扫顶棚和灯具(1为中型；2为大型)。
3 适宜打扫窗户下方的刷子。
4 能够用水清洗纳户和空调过滤网的“MM纳户刷”，水不易溅出来。
5 既能用海绵刷掉污物，还能用橡胶刮除水，头部可以转动，让你站着就可以轻松地从高处扫到低处。由于体型不大，还能用它来打扫细长的窗户(24cm宽)。以上均为“TERAMOTO”生产。

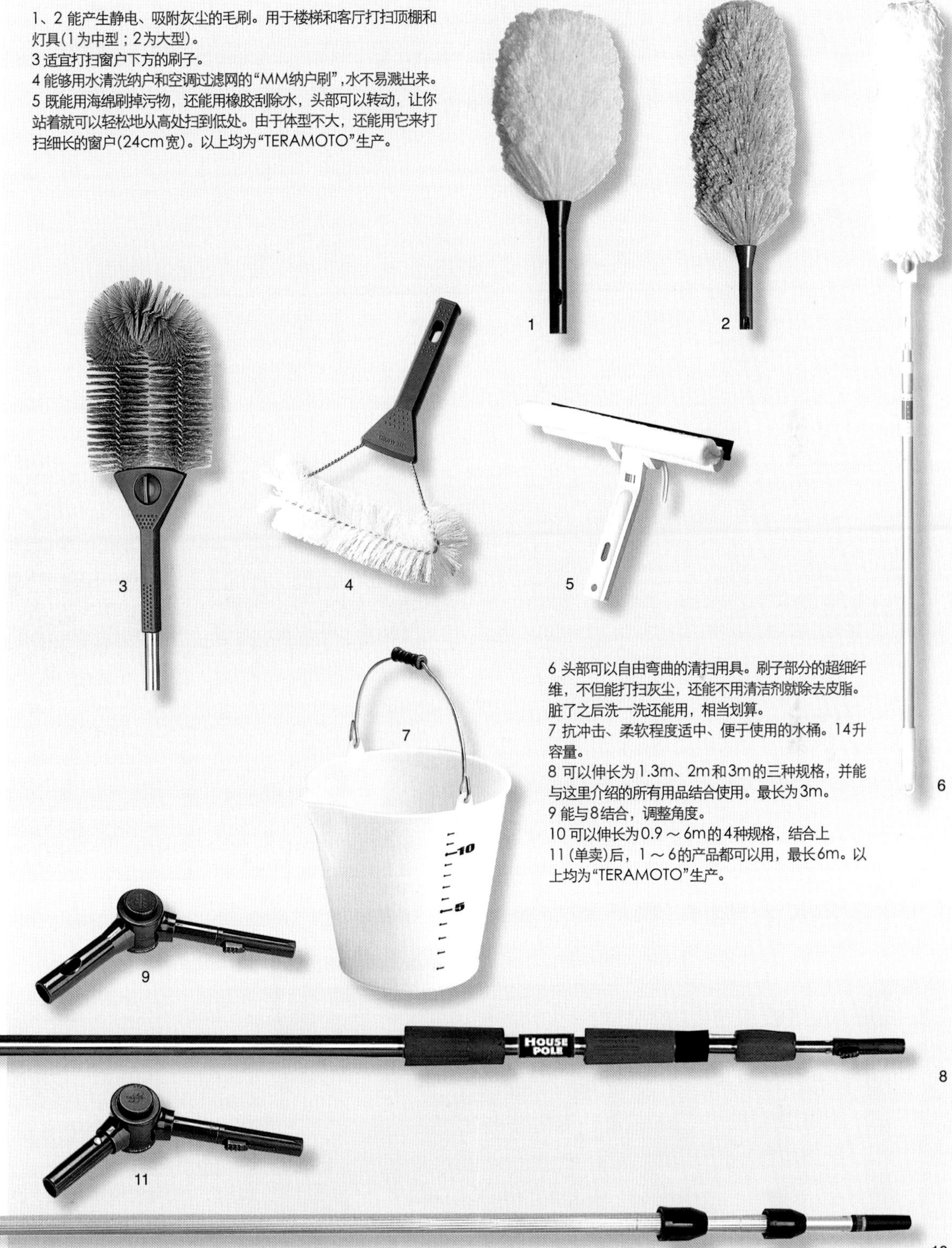

6 头部可以自由弯曲的清扫用具。刷子部分的超细纤维，不但能打扫灰尘，还能不用清洁剂就除去皮脂。脏了之后洗一洗还能用，相当划算。
7 抗冲击、柔软程度适中、便于使用的水桶。14升容量。
8 可以伸长为1.3m、2m和3m的三种规格，并能与这里介绍的所有用品结合使用。最长为3m。
9 能与8结合，调整角度。
10 可以伸长为0.9～6m的4种规格，结合上11(单卖)后，1～6的产品都可以用，最长6m。以上均为“TERAMOTO”生产。

采暖

建房之前应考虑的，想搞清楚的问题

身体感到舒服的家，就是善待家人的家

温馨生活，不能缺少采暖设备。我家里采用了燃气热水型地暖，每天都像是生活在温暖的阳光之中

除了考虑顺滑的动线和“物尽其用、规模适当”的收纳，在建房时还要考虑采暖问题。选用何种采暖系统，在哪个房间使用，是个令人头疼的问题。但如果从各个房间的用途来考虑的话，答案自然就出来了。我们家采用的是燃气热水型地暖。

脚下热乎乎，室内暖洋洋。整个冬天都不必用空调!

家人齐聚一堂，畅想新家中的生活。有人会希望客厅里有一台大电视，全家人在一起看电影；有人会希望有个大厨房，大家能享受一起做饭的快乐；还有人会畅想10年、20年之后的生活。总之，谈论梦想的时候，也是建房之前最快乐的时候。

在畅想之中，新家应具备什么样的房间，在房间里做什么，也会逐渐确定下来。接下来，自然是采暖设备了。

早在建房之前，我已经下定决心：采暖一定要用燃气热水型地暖。这是因为我在做帮助别人整理房间的工作时，已经在很多家庭里了解过它的好处。做整理工作的时候，自然要在一个地方坐很久，但不会感到很热，而是一直保持着很舒适的感觉。所以我也打算在自己家里采用同类设备。

家中采用地暖的房间，除了全家人集中的客厅之外，还有作为家庭主妇待的时间最长的厨房和餐厅。此外，为了避免婆婆从温暖的卧室出来后，因温差急剧变化引起心肌梗塞，在她使用的盥洗室，以及从婆婆卧室到盥洗室之间的走廊，也都装上了燃气热水型地暖。

大家都待在暖暖和和的客厅是最好的。从这个意义上说，也没有必要给儿童房安装地暖，因为他们长大成人之后，房间用途有可能发生变化。与燃气热水型地暖共同度过了七个岁月，真的很舒适。热空气从脚下一直升到顶棚，整个房间在一天之内都是暖洋洋的，仿佛身在阳光之下。房子变暖之后，即使把暖气关掉，热度还能维持很长时间。用了多年，我也有了经验，知道打开暖气多久，房子就变暖。如今，我会在起床的时候打开暖气，并根据经验设置定时器，房间暖了以后就会自动关机。令人难以置信的是，身在东京，冬天竟然不用开空调。如果在加入东京煤气公司的“地暖用燃气套餐”的话，从12月份到次年4月份，燃气价格还会打折。

房间里不会干燥，对皮肤也好。我现在已经离不开燃气热水型地暖了。

Dining & Kitchen（餐厅和厨房）

脚下热乎乎，做饭洗衣都轻松

我们家里经常会来客人。但即使长时间站在厨房做饭，脚底也不会发冷，非常舒服。餐厅也装了地暖，围着桌子吃饭的时候，客人也会赞不绝口。

好像身在温暖的阳光之中。我们家的
“燃气热水型地暖”，也是减压的好工具。

“早技（日语中是手段麻利的意思）”的安装方法简单。在必要的时候，还能留给以后设置。

在婆婆的房间里，我们安装了“燃气热水型地暖”。这种地暖品牌叫“早技”，是可以在必要时留到今后设置的。因为在刚搬进新居的时候，我们就装了家用电梯，把婆婆的房间设在三楼，但今后婆婆也可能搬到楼下的某个房间。因此我们询问了东京煤气公司，他们说“早技”的安装方法简单，只要在地板铺上热水垫，在铺上专用木地板的话，今后随时都能补充设置。

施工真的很简单，一天之内就完成了。据说面积大小也能自由选择。当孩子们长大，要在自己的房间里学习的时候，在桌子那部分设置一小块“早技”也可以。都说“头脑冷静、脚底温暖”，“早技”一定会对孩子的学习助一臂之力的。

有的家庭可能考虑到预算问题，不打算立即安装。那也没关系，选择今后设置的类型就可以了。除了“早技”，还有把木地板拿开，再进行安装的类型。施工时间当然跟面积有关，不过一个房间也就是四五天就能完工。

搬到现在的家里，已经7年了。托各位的福，全家人都很健康，婆婆还是住在三楼。我们还在使用“早技”，温暖程度与一般的“燃气热水型地暖”并无不同。希望大家在建房的时候，也能根据实际情况选用。

大早上就很暖和，让人精神振奋。在盥洗室再加上一个定时器

如果房间很暖，盥洗室却很冷的话，温差会给身体增加负担。把定时器设定在早上或洗澡前启动“早技”的话，做什么都很舒服。

可以根据环境变化，以后再安装的“早技”

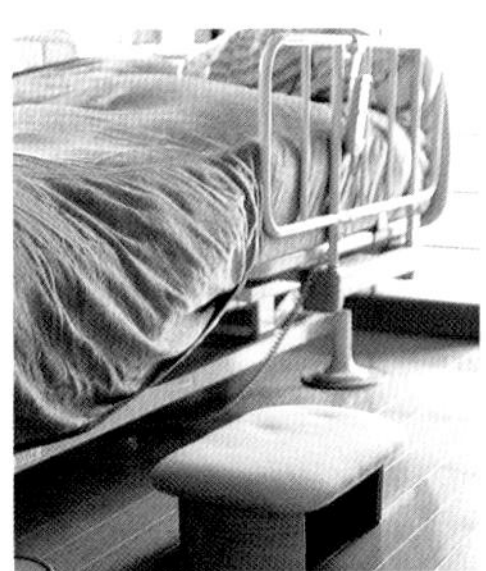

婆婆房间里的“早技”。这里用的是木地板，但榻榻米或地毯的情况下也可以安装。从1.5m^2（一个榻榻米的面积）起安装。

脚下热乎乎，室内暖洋洋。与空调的暖意也有不同

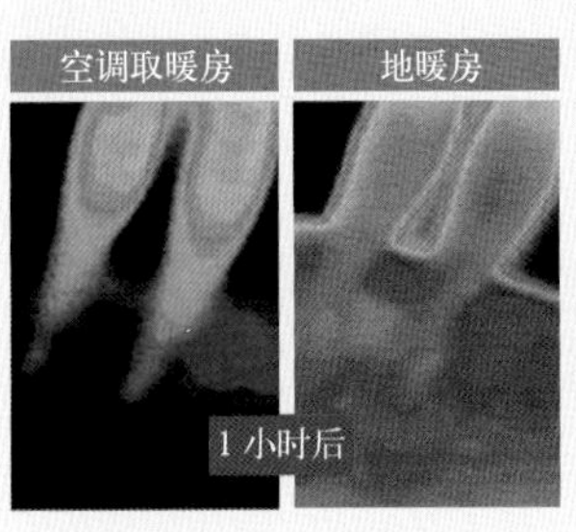

所谓“燃气热水型地暖”，指的是把经过热源机加热的60°左右的低温水，在地板下的热水垫内进行循环，进而对周围空气进行加热的地板采暖系统。地板的辐射热传到空气中，形成暖空气对流，让整个房间变得温暖。左侧的两张图，是一位坐在沙发上的女性在开始加热1h后的温度分布情况（左侧为空调，右侧为热水型地暖）。采暖是从脚部开始的，对女性的寒症有好处，也能防止空气干燥，自然对皮肤也好。从小朋友到老年人，都能放心使用。

咨询 / 东京燃气　http://www.tg-yukadan.com

Message（寄语）

怎么样，这本书能在你建房的时候起到参考作用吗?

为了能助你有一个舒适的生活环境，我在本书中讲了过去给客户们介绍的各种方案。我的工作室向诸位提出家庭中的体系，因为我也希望在温暖舒适的住宅中，每一个家庭都充满笑脸。希望每个人都快乐，大家都更幸福。

有 100 个家庭，就有 100 种日子要过，自然就有 100 种不同的生活方式。每个人都是自己人生中的主角，而家，就是你的舞台。想过什么样的生活，这是因人而异的。希望你的家能带给你舒适的空间，美好的时光。

正因如此，我希望你把所有的梦想都表达出来。虽然梦想与现实之间存在距离，在建房过程中还会遭遇无数的烦恼，但请你不要放弃。

如果没有条件建造两个房间，那么在一个房间里设置两种功能，不就可以了吗? 现在不需要的东西，那就在 10 年、20 年之后再设置好了。

一边在脑海里描绘今天的自己、将来的自己，一边好好享受生活吧。

近藤典子

Daiwa House®

大和房屋×近藤典子

生活中的美好心情，尽在于此

便利型贴心衣帽间

——进化版收纳——

近藤典子与大和房屋合作推出的进化版收纳——便利型贴心衣帽间。在一个榻榻米大小（0.91m×1.82m）的范围内，有效利用空间，使收纳空间能根据家庭成员的成长及生活环境的变化而变化，打造一个能不断进化的收纳体系。

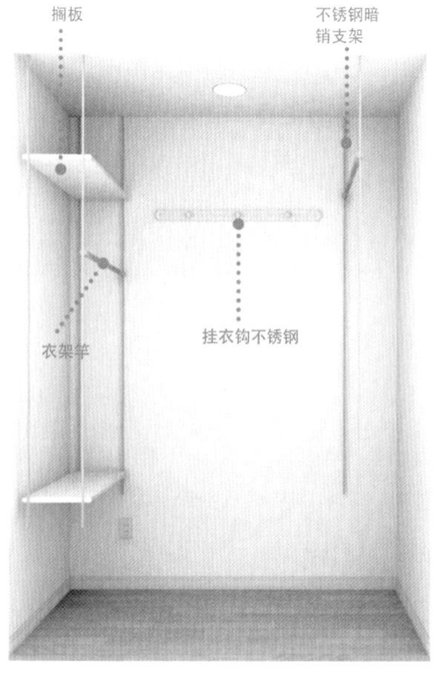

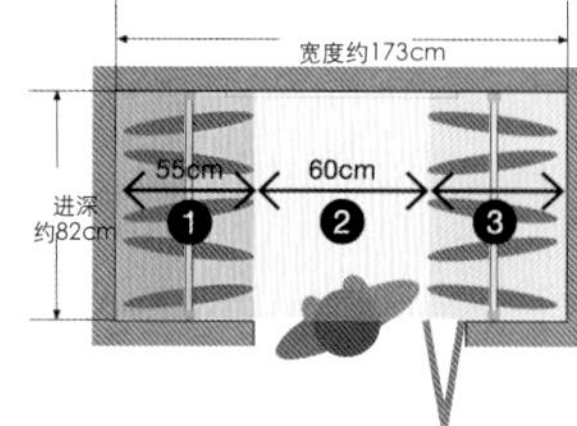

❶ 55cm的话，衣柜型收纳箱正好放得进去。

❷ 60cm可以满足存取物品时的必要宽度。

❸ 即使把折门宽度算进去，也不想影响挂衣服的必要宽度。

基本用材
2块搁板、2根衣架杆、1根挂衣钩

※使用更多的材料，则可以有更多的组合方式

对使用的材料也可以很简单地加以调整。

搁板

自由地改变位置，根据存放物品的高度进行调整！

为了方便地确定搁板的位置，在不锈钢暗销支架上每隔10cm左右开一个圆孔。

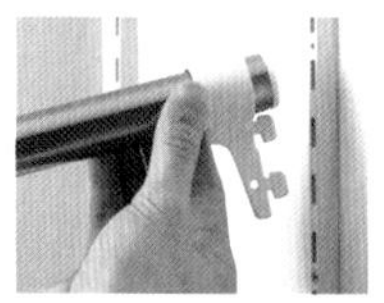

衣架杆

可以根据衣服的尺寸进行设置！

可以对衣架杆的位置进行自由微调，同时衣架杆很轻，可以轻轻松松地安装、拆卸。

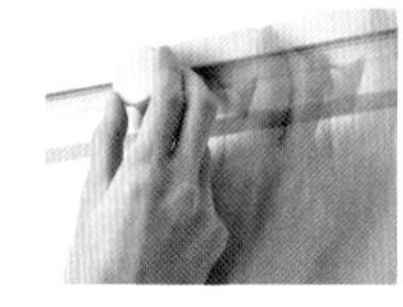

挂衣钩

在里侧墙上设置可移动的挂衣钩横板！

转动挂钩，就可以自由移动，因此可根据所挂物品的宽度改变挂钩位置。

便利型贴心衣帽间的关键词：3个“使用”

要挂的衣服太多，衣帽间装不下……

↓

最大限度地利用室内净高，增加挂衣杆的数量

很多女性都有这样的烦恼：衣服太多了，衣帽间挂不下。我们的方法是充分或用室内净高，增加衣架竿的数量，并将右侧分成4层，就能使收纳能力成倍增加。

东西混在一起，存取很不方便……

↓

方便使用

根据存放物品增加搁板数量

物品存取不方便，是家庭生活中导致压力的原因之一。这个难题，可以通过增加或移动搁板加以解决。根据物品的使用频率或尺寸进行调整，你就会拥有一个方便使用的收纳空间。

基本用材 +

收纳空间跟不上家庭生活环境的变化

↓

长期使用

根据家庭生活环境的变化而随时改变

当孩子们长大成人、独立生活后，可以把收纳空间改变为另一个房间。比如兴趣间或书房，就是一个能长久使用的空间了。

基本用材 + 1块搁板、1块书桌台板、1根挂衣杆

能零距离体验日常生活之美的新型样板房

案例分析住宅

Case study house produced by Noriko Kondo

作为住宅开发商，多年来大和房屋在住宅规划方面积累了众多的经验和技术。此次与舒适环境咨询师近藤典子女士合作，将她的各种创意变为现实，打造出了新型的样板房——案例分析住宅。

案例分析住宅能让你零距离体验日常生活之美，它的关键词就是"现实性"。在日本，样板房的面积和房间布局往往追求视觉效果，但缺乏现实性，而案例分析住宅则尽可能地采取了实际住房中可以达到的布局方案。

因此你在参观的时候，不光用眼睛，还可以亲身感受各种设计思路和生活状态，有如亲身在这里生活，因此案例分析住宅具有全新的形态。欢迎你来到大和房屋的案例分析住宅，就像在自己的家里一样去看、去触摸、去体会"日常生活之美"。

案例分析住宅

〈案例分析住宅　横滨〉

〈案例分析住宅　神户〉

〈案例分析住宅　名古屋〉

大和住宅工业株式会社 www.daiwahouse.co.jp

大阪市北区梅田3丁目3番5号　邮政编码：530-8241 电话：0081-6-6342-1300 传真：0081-6-6342-1593

东京都千代田区饭田桥3丁目13番1号 邮政编码：102-8112 电话：0081-3-5214-2172 传真：0081-3-5214-2176

建筑业许可证号：国土交通部许可（特-22）第 5279 号

宅基地从业者许可证号：国土交通部（13）第245号

ASPLUND

SEMPRE HONTEN

FIBER ART STUDIO

Shop List

ASPLUND
东京都涩谷区惠比寿南 3-5-7
惠比寿 i-MarkGate 2 层

SEMPRE 本店
东京都目黑区大桥 2-16-26
1、2、3 层　电话：03-6407-9081

寺本东京本社
千叶县市川市欠真间 1-8-23
电话：047-399-8855

FIBER ART STUDIO（展示厅）
东京都涩谷区惠比寿西 1-34-28
3 层　电话：03-3780-5237（预约制）

※本书所载信息及商品价格，
均为 2011 年 3 月的情况。
商品价格中包含 5% 的消费税。

特别鸣谢

大和房屋工业株式会社
KOLON E&C（韩国 首尔）
Dyson

制作人员

艺术指导：
藤村雅史

设计：
高桥桂子（藤村雅史设计事务所）

封面摄影：
中川十内

摄影：
Ayumi Kakamu、
濑尾直道（P142～145）、
市川守（P97）

室内设计
（案例分析住宅 横滨）/
房间布局手绘图：
石丸翠（SENSIBILIA）

发型 / 化妆：
杉村修（MOJITO）

翻译（首尔）：
Lee Semin

编辑协助：
池田育子、Idumi Nakagawa、木村真由美

制作协助：
近藤典子 Home&Life 研究所

编辑：
古家秀章（es • QUISSE）

编辑企划：
樱井纪美子